军事物理学

曹则贤 著

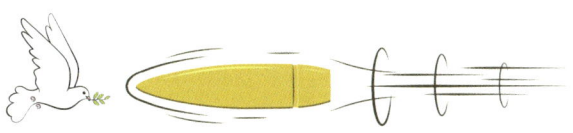

Physics for Warfare
A Panoramic View

上海科技教育出版社

武器是战争的重要的因素，但不是决定的因素，
决定的因素是人不是物。
—— 毛泽东，《论持久战》

Der Krieg ist eine bloße Fortsetzung der Politik mit anderen Mitteln.
— Carl von Clausewitz, *Vom Kriege*

战争不过是使用其他手段贯彻政治。
—— 克劳塞维茨，《战争论》

兵者,国之大事,死生之地,存亡之道,不可不察也。
—— 孙武,《孙子兵法》

Comincionsi le guerre quando altri vuole,
ma non quando altri vuole si finiscono.
— Niccolò Machiavelli, *Istorie Fiorentine*

战争因有人所需而起,却并不如有人所愿而止!
—— 马基雅维利,《佛罗伦萨史》

国虽大,好战必亡;天下虽平,忘战必危……以战止战,虽战可也。

——姜尚　等,《司马法》

Da der Krieg die höchste Anspannung eines Volkes für seine Lebenserhaltung ist …

— Erich Ludendorff, *Der totale Krieg*

因为战争是一个民族求生存的最大努力……

——鲁登道夫,《总体战》

免于战争威胁的人民才有追求和平的资格。

—— 作者

Ежели бы все воевали только по своим убеждениям, войны бы не было.

—— Лев Толстой, *Война и мир*

假使每个人只为他自己的信念去打仗,就没有战争了。

—— 列夫·托尔斯泰,《战争与和平》

目 录

001 / 序言

007 / 第一章　战争与物理学

013 / 第二章　古代武器
014 / 2.1 原始武器
016 / 2.2 古代金属兵器
019 / 2.3 物理的眼光看冷兵器
026 / 2.4 弹射武器
029 / 2.5 结束语

031 / 第三章　力学与运动
032 / 3.1 引言
034 / 3.2 速度、动量与动能
037 / 3.3 动量与动量守恒
039 / 3.4 机械能守恒定律
041 / 3.5 落体运动与弹道
045 / 3.6 火箭方程
049 / 3.7 动能武器
051 / 3.8 广延物体的运动
058 / 3.9 陀螺与陀螺仪
059 / 3.10 结束语

063 / 第四章　物质科学
064 / 4.1 物质的形态
067 / 4.2 气体
074 / 4.3 液体
078 / 4.4 固体
085 / 4.5 等离子体
088 / 4.6 量子技术与量子物质
091 / 4.7 结束语

095 / 第五章　火、热与热力学
096 / 5.1 火与热
099 / 5.2 热力学基础
103 / 5.3 战争的热力学必然性
106 / 5.4 热机的迭代
108 / 5.5 军事领域中的热问题
113 / 5.6 再说热力学与战争

117 / 第六章　机械振动与机械波
118 / 6.1 振动
126 / 6.2 起振与减振
128 / 6.3 机械波
132 / 6.4 船头航迹
134 / 6.5 振动与波的探测
137 / 6.6 声波武器与声波通讯
139 / 6.7 声波多普勒效应
141 / 6.8 结束语

145 / 第七章　电磁学
146 / 7.1 电磁现象简介
148 / 7.2 电磁现象的简单应用
152 / 7.3 洛伦兹力与电磁推进
162 / 7.4 电磁波与通讯
165 / 7.5 雷达技术
168 / 7.6 电磁波多普勒效应
170 / 7.7 结束语

173 / 第八章　光与光学
174 / 8.1 光的基础知识
176 / 8.2 照明与侦察
181 / 8.3 伪装与隐身
186 / 8.4 隐身技术
191 / 8.5 激光的军事意义
205 / 8.6 结束语

207 / 第九章　核物理与核武器
208 / 9.1 原子与原子核的结构
212 / 9.2 质能关系
216 / 9.3 核裂变的发现
220 / 9.4 链式反应与原子弹
224 / 9.5 聚变反应与氢弹
227 / 9.6 中子弹
228 / 9.7 从恐怖笼罩下的和平到永久和平

231 / 第十章　物理学视角下的军事战略

232 / 10.1 兵书战策

234 / 10.2 战争中的对偶性问题

240 / 10.3 战争中的宇称问题

241 / 10.4 战争中的虚实问题

244 / 10.5 兵形势

245 / 10.6 维度扩展

248 / 10.7 固定点与不变性

250 / 10.8 强关联与非线性

251 / 10.9 结束语

253 / **跋**

255 / **图片来源**

序　言

War is peace. Freedom is slavery. Ignorance is strength.

— George Orwell, *1984*[①]

　　我是个军迷。小时候看电影,里面的正面人物挥舞驳壳枪的姿势让我格外羡慕。及至后来年秩渐长,在工作学习之余我也偶尔会思索战争对人类社会演化进程的影响,加上读的是物理专业,于是时常有关于武器与物理学,或者说战争与物理学的思考。2018 年,有幸承担了国家的一个软课题,我便趁机给自己加码设置了一个特别的任务:理一理物理学与战争(武器)的关系,从物理学的角度看战争(武器)的进化,从战争(武器)的需求角度考察其对物理学的促进作用。

　　不得不说,这是个非常草率的决定。我是一个不合格的物理学家,更不是军事专家或者军工专家。虽然此前我对相关问题有过一些思考,但毕竟不系统,实际写起来难度太大了。本书的第一缺陷,如同笔

---

① 战争即和平! 自由即奴役! 无知即力量! —— 奥威尔,《1984》

者其他书籍所表现的那样，是作者学术水平的局限。本书第二但也是极为令人遗憾的缺陷是，由于作者没有任何实际接触到本书所涉及的一些对象的机会，因此它难免有隔靴搔痒之嫌。你说它浮光掠影、走马观花、蜻蜓点水、浅尝辄止、不求甚解都不过分。我唯有努力从物理原理的角度出发去思考问题，提供关于武器设计与应用的尽可能正确、详尽的物理知识，庶几可让本书多少有点存在的价值。

本书首先是一本物理书，其次才是一本试图从物理角度论述军事问题的书，正如"第二波打击力量应该有第一波打击的能力"，这第二位的特征恰才是首要的动机。全书分为十章，除去首尾各一章有些形而上味道的内容以外，中间八章大体按照物理学专业自身的内容来讨论其军事应用。力学、运动与动力学、热力学、物质科学、振动与波、电磁学、光学、原子物理与核物理，以其用之于军事目的的功能与**方式**不同而各有阐述，其中光学因其军事应用的多样性以及其不管是作为基础科学还是应用科学都仍在蓬勃发展的现实而占据最大的篇幅。不得不说，本书撰写过程给笔者带来的关键认识是，未来军事技术进步最关键的地方在于光学。

撰写本书的目的之一是想说清楚战争（武器）视角之下的基础物理。笔者希望这能有助于我国各军兵种的人员理解自己手中武器的原理与性能，从而更好地使用和维护手中的武器。实际上，懂得自己手中武器的原理与价值所在，也是一个好战士的必备素养。笔者当然也希望本书能对武器研发有所帮助，虽然这很难做到。其二，从战争（武器）的角度看物理也不妨成为学习物理的一个重要途径。对军事的爱好，几乎是一个融化在男性血液中的情愫——既爱红装又爱武装的姑

| 序　言

娘们内心也激荡着同样的情怀。将对军事问题的阐述当作讲述物理学的主线,这也算是为物理的学习提供了一个独特的抓手。物理学是一个博大精深、盘根错节的有机整体,通过多种不同的切入方式学习是获得对物理学深刻理解的前提。顺便说一句,本书内容驳杂,难度也是深浅不一,不同章节对读者的知识储备要求不一样。建议读者遇到一时不易理解的段落时径直跳过去即可。

虽然军事物理中的诸多元素是笔者无法接触到的,这本书依然是一个好的尝试的开端。我不知道我们的军事院校里是否有合格的军事物理学通识教材,至少我作为一个普通军迷,没有看到市面上有这样的书籍流传。本书作为引玉之砖,或许可作充数之用。我希望这本书能够得到广大军事爱好者的青睐,能为他们提供一些从武器的角度来看未必真实、但从物理学的角度来看则是还算严谨的军事物理学知识。如果能够得到专业院校的青睐,能为我国武装力量建设和军事专业人才培养略尽绵薄,那真是意外之喜了。

我必须再一次强调本书的内禀缺陷。本书涉及的任何一个话题都无法深入论述,原因大约有三:1)问题本身就有无限的深度与广度(这是我极力想传达的信息);2)这本书的篇幅有限(这是句废话);3)作者实在是能力有限(这是我隐瞒不了的)。对于具有军事价值的物理知识,将任何一条展开来阐述,都不是一人(就算他是专家)、一书能胜任的。此外,谈论武器问题还会遭遇保密、讹传、误导性信息等问题。故而,本书更多地是关注武器的基本物理原理而非技术细节,在讨论具体装备时用到的参数只能是典型值或者原则上合理的值,而不是确切值。军事物理学的每一个话题都恢弘庞大,把它们编织起来作为单篇叙事，不是一件容易的事儿，作者仅凭一己之力显然力有不逮。撰写本书的过程让笔者充分体会了自己学问的不扎实。这本书流于肤浅还漏洞百出，不能令读者满意也不能令作者满意，尽在意料之中。作为补偿，本书在各章后面都会就一些关键内容列出比较有影响力的专著供深度阅读，其中的非英文专著会给出译名。本书只能对军事物理学提供一些泛泛之论，读者朋友如欲深度钻研以成为某个方面的行家，建议阅读相关专著。顺带说一句，为了避免笔者用词不准确，也为了方便感兴趣的读者查找资料，一些关键概念后面会附上英文或其他文字的原文。

本书撰写过程中，爆发了俄乌冲突，这很可能是改变人类社会21世纪进程的重大事件。一场战争撕掉了人类所有用"文明"一词概括的遮羞布。今日的世界已经是一个高度关联的体系，战争会以所有人都不熟悉的方式自顾自地进行，没有任何一个国家能够免于战争的影响。对于中国这样的大国，世界上任何一地的战争、任何一种形式的战争都不容我们冷眼旁观。我们热爱这和平的空气，但我们也要对战争的现实危险抱有足够的警觉。产生敌意的物理情境不消失，敌人就不会消失。埋头发展经济的路是走不通的。军事实力是维护经济成就的基础，没有军事实力保护的经济行为是相当有限的。货币唯一的根基是军事实力，而军事的基础是物理学。

写作本书时笔者所抱有的一个期望是，希望本书能激发起青少年为了保家卫国而努力学习科学技术尤其是学习物理学的热情，唤起他们为了保家卫国而去掌握先进科学技术的自觉。当我们的国家遭遇战争威胁时，我们都会毫不犹豫地挺身而出。保家卫国从来都是热血少

序 言

年的崇高职责，但光凭一腔热血是不够的。今天的世界里，欲成为一个合格的国家与民族的卫士、世界和平的守护者，必然要掌握最先进的武器，理解其赖以实现的科学技术，只有这样才能够应对来自各个层面的挑战。当然，我个人是个和平主义者，我祝愿人类社会能早日摆脱战争的威胁。我尤其希望，我们的国家能为世界提供一个有能力享受长久和平的典范。为此，我们有必要自觉地认真学习、好好工作，齐心协力建设一个强大的国家，让我们的人民永远免于战争的威胁！《孙子兵法》所谓"无恃其不攻，恃吾有所不可攻也"，或可看作我国作为一个爱好和平的国家的军事发展理念。渴望和平的人们，武装起来！为了和平，准备打仗！我想指出，在一个依然存在战争进程的动荡世界里，如何实现和平的问题也首先是个物理问题。

如果这本书真能对我国的国防建设有些微的贡献，笔者倍感与有荣焉。

是为序。

2020 年 8 月动笔
2022 年 3 月初稿于北京

第一章
战争与物理学

War is behavior with roots in the single cell of the primeval seas.
— Frank Herbert, *Dune*, vol.6 [①]

I know not with what weapons World War III will be fought,
but World War IV will be fought with sticks and stones.
— Albert Einstein [②]

生命是远离平衡态的自组装体系,需要靠摄入食物维持其高度自组织的形态。战争是许多高等动物的宿命,到目前为止它依然还是人类的宿命。生存资源——包括物理空间、生活资料、生产资料等——的有限性必然带来竞争,有竞争就有冲突,战争在无意中成了解决冲突的选择。总有占据更多生存空间的欲望刺激着战争的发生,不在这里,就在那里。环顾21世纪的世界,虽然众多国家都接受了和平发展才是国家主旨的理念,但战争依然不曾缺席过,不,如今它是在持续进行中,并

---

① 战争是一种根植于原始海洋中单细胞生物体内的行为。——弗兰克·赫伯特,《沙丘》卷6
② 我不知道第三次世界大战用什么武器,但第四次世界大战会是用棍棒和石块。——爱因斯坦

且是多维度、多层次的，以更加隐蔽的方式。忘战必危依然具有不可忽视的现实意义。

　　战争带来了对战争各要素的深入思考。伟大的军事家毛泽东主席在《论持久战》中指出："武器是战争的重要的因素，但不是决定的因素，决定的因素是人不是物。"对毛泽东主席的这句话应该全面地理解，既要看到毛泽东主席强调人是战争的决定因素，也应该看到他作为军事家一样强调了武器是战争的重要的因素。武器是战士的依靠，是战士的能力与信心来源。作为战争决定因素的人，应该是武装起来的人，是用信仰、战略战术思想和武器全面武装起来的人。武装除了外在的装备，还包括内在的思想武装。作为对这个想法的佐证，人们时常会引用坊间流传的"战争是政治的继续"这句话。然而，这句话是对克劳塞维茨《战争论》中的"Der Krieg ist eine bloße Fortsetzung der Politik mit anderen Mitteln"一句的错误翻译，人家的本义是"战争不过是使用其他手段贯彻政治（目的）"。其中，Fortsetzung der Politik 的意思是对政治的贯彻，让政治得以实现。但这句话的关键点在于它强调战争是借助政治以外的手段（mit anderen Mitteln）来实现政治目的。德语的 Mittel 除了作手段、方法、措施解以外，它还有工具、物资的意思。就战争而言，武器是首要的资源、工具。

　　把社会实践中的研究与实验部分地投入到武器研制方面，这一点自人类试着磨尖木棍、石块时算起就是如此了。当科学自成一体后，武器研制更是其首要的应用方向，物理学的进步对战争与武备的促进效果尤为突出。铸剑可以追溯到公元前三千多年前的青铜器时代，其中用到了对不同金属或合金的冶炼，要遵循严格的科学步骤。火药的应用才是科

第一章 战争与物理学

学——特别指物理学——对战争介入的开始,从此科学之于武器就显出了重要性来。火药在 13 世纪从中国传入欧洲,在 14 世纪得到普遍应用,到 17 世纪成为战争的主要物资。有趣的是,火药研制带来的科学进步和战争技术进步最终表现为设立了专门奖励科学发明与发现的诺贝尔奖。进入 18 世纪以后,欧洲开始了工业革命和科学的飞速进展,彻底改变了战争与物理学的面貌。第一次工业革命的代表性成果,包括火车、轮船和更先进的火枪火炮,让世界产生了随时可把战争强加给全世界的帝国主义。这期间直到 19 世纪末,科学虽然没有带来新武器概念,但是金属铸造技术的进步带来了性能更优良的枪支与火炮。1903 年莱特兄弟发明的飞机,一般会理解成为战争增加了一个元素。愚以为,飞机的发明是为战场添加了一个维度,把战场拓展到了三维物理空间,这彻底改变了战争的形态与方式。这一点,没有几何学基础的人难以理解充分。后世导弹的发明是对飞机增加战场维度效果的扩展与强化(图 1.1)。

图 1.1　导弹让战争不折不扣地变为三维空间里的物理过程

武器的进展,不只使得率先掌握先进武器的一方有了获胜的凭借,一些新发明的出现甚至能彻底改变战争的方式,改变世界发展的走向。大炮终结了骑士时代,机关枪的发明强行终止了第一次世界大战,核武器的发明则强行终止了第二次世界大战,而后的核恐怖平衡让大国至今都在小心翼翼地避免直接战争。

物理学的战争意义早已为人们所认识,实际上,战争也是物理学最重要的促进因素,这一点,物理学领域以外的人士一般不太关注。试举几例:

1. 抛石机是第一种机械(mechanic),引出了力学(mechanics)这门磅礴的基础学问。弹道学(ballistics)因其军事意义从而是经典力学中发育特别充分的领域,今天人类的航天成就也得益于此。

2. 热力学发展的关键一步是认识到热不是一种称为热质(calorique)的流体。功—热转化是伦福德勋爵(Count Rumford, Benjamin Thompson, 1753—1814)在观察到给炮管钻孔的时候热不停地产出才悟到的。热机的不断改进,让人类有了各种具有驱动能力的机械,各种车辆、船舶、飞机都有专门的军用类别,成为战争的主角。今天一些帝国主义国家的傲慢,就是因为率先掌握了热力学才养成的。

3. 飞机、导弹、宇宙飞船赖以成为现实的空气动力学是特别难学、特别难研究的学问。很难想象如果没有军事用途这门学问会被研究得那么深入。

4. 原子核裂变是在第一时刻被看到军事意义而得到充分研究的。原子物理、亚原子物理极大地促进了人们关于微观世界的认识。

5. 激光来自研究黑体辐射得来的受激辐射概念。激光从1960年诞生起就和武器联系在一起了。在今日所谓的新概念武器中,激光总是

第一章 战争与物理学

必不可少的组成部分。

自第二次世界大战起,物理学深入到了战争的各个环节。某种程度上,战争反过来极大地推进了应用物理的研究。除了与原子核利用相关的物理以外,二战后大量多余的雷达用器材被拿去用于微波物理相关的研究,结果带来了对原子谱线的精细结构和超精细结构的研究,带来了量子力学、原子物理和量子场论等物理领域的全面进步。

论起武备发展,人类的想象力几无限制。有一种说法,"但凡有人能想象之事,必有人能将其实现",故而此前常有凭幻想构思新概念武器的幻想。然而,在这个科技超越神话的时代,武器装备必然是也只能是科技实力的集中体现。当前武器所凭借的科学、技术之复杂性来自对科学技术知识与实践之积累的把握,远不是局外人能幻想出来的。所谓科学幻想中浮现的武器在实际技术面前显得苍白而又滑稽。扎扎实实地掌握世界上最先进的科学知识,才能设计出最先进的武器,才能最有效、可靠地使用武器。

物理学带来的技术进步是新装备的催化剂。须谨记科学发现不是因为能转化为武备才被做出来的,而是武备是新知识最重要的应用途径甚至得以发展、深化的机会才让新知识受到重视的。正是基于这样的事实,美苏等军备大国都首先是物理学强国,对于物理学的资助是全面的,并不以近期能否产生军事技术为依据。当然,他们也时刻不忘从促进军事技术发展的角度审视物理学的进展。认真审视当前物理学的前沿进展,思考其可能的军事应用潜力,也是一个强国的国防建设中应有的课题。为了国家的和平发展,用尽可能先进的武器武装我们的人民军队是科学家和军事工程师的神圣使命。一支有使命感的人民军队,用科学知识、军事思想和最先进的装备武装起来，才真正担得起保家卫国的使命。

正如克劳塞维茨所说，战争不过是使用其他手段贯彻政治。战争从来不是目的。中国人民是热爱和平的，热爱和平的中国人民必须掌握能赢得任何强加于我们的战争的武器。建设赢得战争的能力恰是为了避免战争直至消灭战争。历史上，新武器的应用就曾使得战争因过于残酷而走入僵局。笔者希望的是，人类在恐怖僵局下能够有足够时间深度反思人类行为的理性内涵，更兼科技进步带来的人类生存挑战从群体内提升为整个人类群体向外的挑战，从而可彻底打消用战争方式解决人类问题的念头。不是人类变得更高尚，而是人类面临的将不再是局部群体间通过战争能解决的问题了。当战争能解决的问题不复存在的时候，战争作为一种选择其意义也就消解了。果如此，那是整个人类的幸运。

这是笔者本人的愿望，也是笔者看到的人类未来的亮光。

参考文献

1. Barry Parker, *The Physics of War: From Arrows to Atoms*, Prometheus Books（2014）.
2. David Hambling, *Weapons Grade: Revealing the Links Between Modern Warfare and Our High-Tech World*, Constable（2005）.
3. Michael E. O'Hanlon, *The Science of War: Defense Budgeting, Military Technology, Logistics, and Combat Outcomes*, Princeton University Press（2009）.
4. Brian Ford, *Secret Weapons: Technology, Science and the Race to Win World War II*, Osprey Publishing（2011）.

第二章

古代武器

> 欲将轻骑逐,大雪满弓刀。
> ——［唐］卢纶
>
> Citius, Altius, Fortius.
> — The Olympic motto[①]

摘要 武器因人类生存需要而产生,最初的武器来自自然的启发,用到的多是尖锐、锋利的物件。制陶、采矿和冶金带来了金属兵器的制作。基于对弹性、惯性、力矩、杠杆原理、抛体运动等概念的模糊认识人类学会了制作弓弩、抛石机等弹射武器,极大地扩展了武器的攻击距离。抛石机是人类的第一种机械,由此产生了力学这第一门物理学科。

关键词 压强,剪切,刀剑,弹性,弓弩,惯性原理,抛体运动,加速距离,杠杆原理,力矩,抛石机,机械,力学

[①] 更快、更高、更强。——奥林匹克口号

2.1 原始武器

人类在有意识地制作工具之前经历了漫长的演化过程,对自身从自然界获得的感受,特别是伤害,是有深刻记忆的。自然状态下人类所受到的伤害包括来自尖锐物的刺伤、来自坚硬物体薄边的划伤、来自运动物体的冲击,等等。参照这些伤害了自身的存在,人类学会了制作第一批原始武器,用于攻击野兽和同类。

尖锐物品除了鱼刺、兽角、兽牙等动物组织以外,也多见于植物。很多植物都会长出或大或小的尖刺儿来保护自己,比如麦芒、苍耳、蒺藜等。最夸张的要数皂角树,遍身长满成丛的、交错的硬刺,长度可达十厘米。这些给了

图 2.1 皂角刺、蒺藜与人造铁蒺藜

人类的原始武器制作以最直观的启发(图 2.1)。定义压强为

$$p = \frac{F}{A}, \tag{2.1}$$

其中 F 为施加的力,A 为着力部分的面积。压强乍看之下其量纲为单位面积上的力,但理解为(形变)能量的体密度(单位:J/m^3)才更接近

第二章 古代武器

其本质。尖刺的面积小,因而能产生极大的压强,这让尖刺能扎破物体造成破坏。物体抗挤压的能力被描述为硬度(见第四章)。

大自然里还有一类坚硬且薄的存在,比如蚌壳的边缘、石块的边棱等。锋利的薄片有切割的功能。将锋利的薄片及其边缘之间的关系看成是一个面与其一条边界线的关系,姑且描述为刀平面及刀刃,则刀的功能取决于运动方向同刀平面、刀刃这三者的取向关系。如果刀的运动方向垂直于刀平面,这大约对应于常说的刮、刨(push cut);如果刀的运动方向在刀面内且同刀刃垂直(向外),这大约对应切、砍、剁、斫、斩(cut);而如果刀的运动方向在刀面内且沿着刀刃,这大约对应搪、刺、割(slice cut)。各种带刃的器械,其功能不过是用来切割、分割(cutting, separating),但具体使用行为却是个非常棘手的话题,与被切割对象的力学性质、刀刃的微结构和用力方式有关。进过厨房的人都会注意到,搪、刺一般比切、砍容易一些;而用过剃须刀的人会注意到,制作不合理的剃刀片容易出现剌伤(地球上能制造出合格剃须刀片的企业不多)。刀刃容易划伤,一个显然的理由是材料的剪切模量要比杨氏模量小得多。举例来说,铜的剪切模量约为44.7 GPa,而其杨氏模量约为110 GPa。另一方面,刀刃的显微照片表明它还是锯齿状的,当刀刃沿着刀刃的走向运动时,容易造成损伤。实际上,为了更有效地切割,锯齿刀(serrated knife)是更好的设计。刀切割、砍剁不动的物品可以用与刀同样材质的锯子轻松锯断。刺刀是刃和尖刺的综合。

没有尖刺、薄边的物体,哪怕是圆钝如球,如果以足够大的速度撞击到其他物体上,也会造成损伤。在自然界中,外来的小行星、陨石,山上滚落的石块,甚至是天上落下的小冰雹,大风刮起的沙粒,都教人们见识了被快速运动物体砸上会有什么样的效果。这些物体的击伤效果同其动能有关,未来人们会制作出专门的动能武器(见第三章)。

基于以上关于自然的认识,人们用兽骨、蚌壳、石头、木材制作了骨针、石刀、石斧、石镞、石钺和石铲等多种原始武器(图2.2),用来狩猎或者防身。随手捡起的石头、木棒也是天然的武器。

图2.2　石斧

2.2　古代金属兵器

随着人类对自然认识的深入,人们发现了铜矿、锡矿和煤矿,从而进入了青铜器时代。从石器时代到青铜器时代要经过陶器时代,考古学上似乎对陶器时代不是特别看重。笔者以为,从科学的角度看,陶器时代的重要性绝不逊于青铜器时代。陶器与人类用火有关,水加土得泥,泥加火方得陶。陶器时代带来了模范制作工艺、炉灶垒砌技术和高温技术,这些为青铜的冶炼奠定了技术基础。人类用陶罐打水,发现罐口垂直于水面朝下时无法把罐子装满,确立了空气是一种实在的存在,这在未来的化学和热力学发展史上是浓重的一笔。陶器至今依然在广泛使用中,却鲜有再制作青铜器的了。世界各地不同古文明进入青铜

第二章 古代武器

器时代的时间有所不同。我国的青铜器时代,按二里头文化推算,大约始于公元前两千年,目前没有定论。青铜器铸造技术在商朝就已经非常成熟,有大量出土的文物为证。

所谓青铜,就是铜与锡、铅、锌等元素的合金。铜矿和比较稀少的锡矿很少出现在一起。古人是如何将铜矿石和含锡、铅、锌元素的矿石(比如锡石,SnO_2;白铅矿,$PbCO_3$)同炭放到一起烧,从而发现了青铜并大体固定下来化学成分的,目前没有确切的、有说服力的证据。按照目前的说法,青铜是含约 12%—12.5% 的锡,少量的锌、铝、铅、锰等金属元素,以及砷、磷、硅等非金属元素的铜基合金。青铜具有熔点低(一般低于 1000 ℃,可以低至 800 ℃,比铜的熔点 1083 ℃ 低得多。记住,在一个时代所具有的加热技术能达到的极限温度处,低 1 ℃ 都是优点)、硬度大、耐腐蚀、适于铸造等特点,因而被用来制作各种器皿和武器。在青铜器时代,青铜是最硬的物质,故而会被用来制造戈、矛、剑、钺、戟、铍(即长矛)等用于劈刺的兵器,当然也会用于制造盔甲、面具等防御性装备。由于青铜具有耐腐蚀的特点,这使得我们能够目睹三千多年前先辈们精湛的铸造技艺(图 2.3)。《史记·黄帝本纪》云:"帝采首山之铜铸剑,以天文古字铭之。"从出土的一些青铜剑实物来看,这些记录不是虚言。

约在公元前 1300 年,随着人类获得高温的能力不断提高,人类进入了铁器时代。虽然青铜的维氏硬度(Vickers hardness,见第四章)约为 60—260,高于铸铁的 30—80,且青铜器耐腐蚀,但青铜时代最终还是让位于铁器时代,因为锡矿的缺少让青铜冶炼难以为继,而铁矿石则大量存在。尤其重要的一点是,后来的铁匠掌握了炼钢的技术,钢的力学

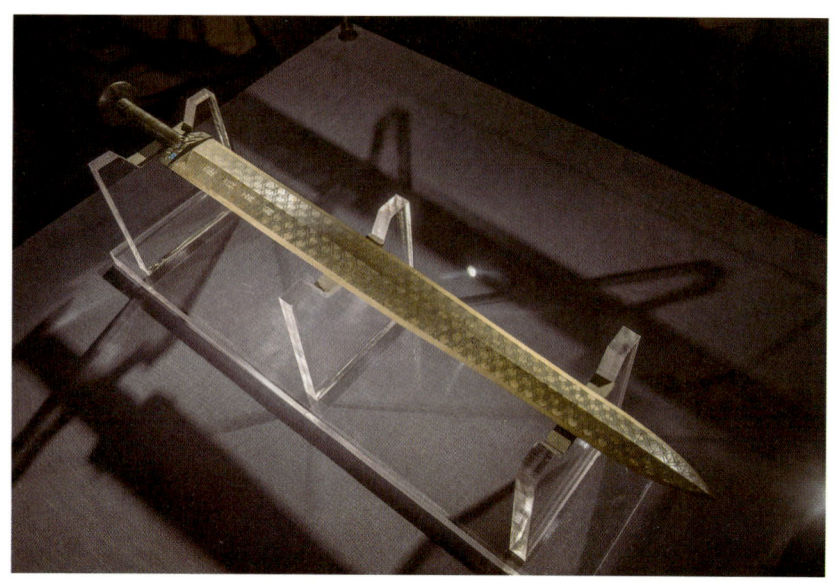

图2.3　1965年出土的青铜制越王勾践剑,距今约2500年

图2.4　铁枪头。铁制兵器的特征是会生锈

强度优于青铜。西周虢国墓曾出土过短钢剑,系由块炼渗炭钢打制而成,可见那时候我国已掌握了炼铁和炼钢技术。不幸的是,铁和那时候的钢不耐腐蚀,出土文物所见的铁或钢制品常常都被腐蚀殆尽。不锈钢(含铬、镍、锰以及其他众多微量元素的合金,各有组分不同)是19世纪才出现的。由于铁的供应量大,随之出现了大量的铁制冷兵器(图2.4)。由于(钢)铁既有硬度又有韧性,故而被大量用于刀具的打

造。特别地，铁还被用于制造各种农具，如锄、犁、镐、锹、镢头等，极大地促进了农业的发展。

钢铁自铁器时代以来至今一直是制作武器的主要材料。

2.3 物理的眼光看冷兵器

到了近代，即以我国观之，人们以木材和（钢）铁为材料发明制作了大量的冷兵器。我国早有十八般兵器的说法，即刀、枪、剑、戟、斧、钺、钩、叉、鞭、锏、锤、挝、镋、棍、槊、棒、拐子、流星（锤）。十八般兵器，泛指，其内容在各个时期会有所不同。从物理的角度对于各种兵器加以审视，会是很有趣的。比如，参照上一节关于兵器作用方式的描述，可以发现这些冷兵器从其作用方式来看，可分为带尖儿的、带刃儿的、带钩儿的和纯粹用于击打的钝器。

所谓的十八般兵器都属于格斗兵器。使用兵器格斗，当然希望伤敌而不被敌伤，故古代征战中兵器以长枪大戟为首选，有"一寸长、一寸强"的说法。然而，长枪、大戟的长度相比刀、剑也只是略有增加，因为它受人体自身尺度的限制——四十米长的大砍刀不是那么好驾驭的。此时，我们自然会关注兵器的攻击距离问题，英语为 range（radar 中的第二个 r 字母即来自这个词，见第七章）。对于热兵器，汉语常用说法则是射程。为了增强兵器的攻击距离，人们发展了软兵器，包括鞭、流星锤、三节棍、绳镖等，这些兵器的特点是携带时是短的（一般不足一米），但在攻击的关键时刻可以到达比较远的范围，比如绳镖的攻击距离约为使用者身高的两倍，达三米半左右。

对于不能脱手的兵器，基本上两倍身高的攻击范围就是极限了。

为了进一步提高攻击距离,就必须发展可脱手的兵器。在中国兵器的语境中,有所谓暗器的说法,比如手发的袖箭、飞刀、铁蒺藜、铁胆等,需要器械发射的抛石机(古文中称"砲")、弓箭等。物理学告诉我们,在地球表面让一个物体达到远处必须赋予其足够的初速度,因此如何对物体加速就成了增强武器攻击距离(射程)的关键。古人肯定无法想象,有一天地表上武器的射程能达到两万公里(全球到达),而为了攻击太空目标,对武器射程还会有更高的要求。

加速与加速距离

由牛顿第二定律

$$F = m\frac{\mathrm{d}v}{\mathrm{d}t} = m\frac{\mathrm{d}^2 x}{\mathrm{d}t^2}, \tag{2.2}$$

可知 $F\mathrm{d}x = mv\mathrm{d}v$。假设将物体从位置 $x=0$ 加速到位置 $x=l$,其速度从 0 变为 V,即一般意义上炮弹或枪弹的膛速(出膛速度),用公式表示为

$$\int_0^l F(x)\,\mathrm{d}x = m\int_0^V v\mathrm{d}v, \tag{2.3}$$

假设此过程中力不变,是一个匀加速过程,可得

$$V = \sqrt{2Fl/m}, \tag{2.4}$$

可见采用长的加速距离是提高炮弹、子弹膛速的要素。反过来,如果是阻力,则 $F\mathrm{d}x$ 为负值,

$$\int_0^l F\mathrm{d}x = m\int_V^0 v\mathrm{d}v, \tag{2.5}$$

则

$$l = \frac{1}{2}mV^2/|F|, \tag{2.6}$$

第二章　古代武器

此即所谓的(匀减速时的)刹车距离。加速距离的概念在武器设计中很重要。冷兵器里的抛射物被安放在长臂的一侧,热兵器里炮管、狙击枪管的加长设计,都是为了获得足够长的加速距离,从而获得大的初始速度。当然有效规范初始速度的方向也是重要考量——炮管越短,炮弹离膛速度的横向分量的不确定度会大一些。在使用物体弹性能的一类冷兵器中,如弓弩、使用绞盘的抛石机等,因为材料自然的弹性范围太小,如何获得足够大的加速距离一直是个难题。当前用于制作气球、听诊器管子、自行车内胎等的高弹材料,要到20世纪50年代才出现。

杠杆原理

杠杆原理是物理学发展初期的一个重要发现。阿基米德曾有言:"给我一个支点,我能撬动地球($\delta\tilde{\omega}\varsigma\ \mu o\iota\ \pi\tilde{\alpha}\ \sigma\tau\tilde{\omega}\ \kappa\alpha\grave{\iota}\ \tau\grave{\alpha}\nu\ \gamma\tilde{\alpha}\nu\ \kappa\iota\nu\acute{\alpha}\sigma\omega$)。"利用杠杆不仅能撬动重物,而且还能把重物**抛射出去**,故而可作为许多武器的物理基础。

假设有一个支点,一根直杆在支点两侧的长度分别为 l_1, l_2,两侧相应地悬挂重物的重量为 G_1, G_2,则平衡(此处平衡的意思是杆是水平的[①],同重力的方向垂直)条件为

$$l_1 G_1 = l_2 G_2。 \tag{2.7}$$

如果一端是重物,一端是用力往下压,则平衡条件为

$$l_1 F = l_2 G_2, \tag{2.8}$$

---

① 小范围静止水面给我们提供了"平"的概念,故有"水平"的说法。

显然当 $l_1 > l_2$ 时,有 $F = \dfrac{l_2 G_2}{l_1} < G_2$。也就是说在长的一端用力,能够以较小的力撬动短的一端较重的物体。

上述内容是一般情形的特例。它涉及的一个重要概念是力矩。设关于某参照点,力(矢量)F 之着力点的位置矢量为 r,可定义物理量,力矩,为

$$M = r \times F, \qquad (2.9)$$

这里的乘号代表矢量的叉乘(cross product。有很多很多很多种乘法,慢慢学哈),数值上的关系为

$$|M| = |r||F|\sin\theta, \qquad (2.10)$$

其中 θ 为从矢量 r 转到矢量 F 的角度。力矩 M 和转动(绕过参照点的、与 $r \times F$ 所张的平面相垂直的转轴的)加速度有关。一般物理书里说力矩是矢量,这是错误的,力矩是二矢量(bivector),只是碰巧在三维空间里你可以把它当矢量处理而已。回到杠杆的情形,若两端加力为 F_1, F_2,则当

$$r_1 \times F_1 + r_2 \times F_2 = 0 \qquad (2.11)$$

时体系关于支点的转动(角速度)不变。若原来角速度为零,即不转动时,那就保持不转动。

现在设想有一个杠杆,在离支点距离短的一侧加载了大块的重物 G_2,而在长的一端加载一个较小的重物 G_1 和用其他方式加载的、向下的力 G,为简单计,假设杆水平时系统处于平衡状态,有方程

$$l_1(G_1 + G) = l_2 G_2。 \qquad (2.12)$$

现在,突然去掉力 G,系统失去平衡转动起来,较长的一端会朝向斜上方运动,且被加速。如果较小的重物 G_1 本来就在杠杆的上方且不是固

第二章 古代武器

定的,则当它被带到一定位置上,即杆开始减速时,会依惯性被抛出。这就是一类抛石机的原理。抛石机设计上可以有很多变种。抛石机原理可以理解为先实现力矩平衡条件,即方程(2.11),然后突然打破平衡,使得长臂端装在筐(篮,兜,窝,bucket)里的抛射体被发射出去。由方程(2.11)可见,力 F_1,F_2 可以在支点的两侧,也可以在同一侧,方向正确就行。作为短臂一侧的力,可以来自配重(counterweight),也可以来自弹性物体形变提供的弹力;作为长臂一侧的用来控制发射时机的力要对应恰当的释放抛射物方式,可以是来自配重(突然剪断绳索释放),也可以靠许多人往下拉(人突然松手释放),或者通过弹性物体形变提供弹力(靠绞盘机关突然松开释放)。实际使用中,平衡时的构型以及相应施加的力是可变的,从而可以调节抛射物的重量和射程。总结一下,突然撒手,去掉约束或者其他妨碍抛射物飞出的限制,则长端加速运动起来,在弹兜(bucket,armature)不再能加速抛射物时抛射物会依惯性飞出,其后按照空气中、重力场下的抛体运动规律飞向目标(见第三章),这就是抛石机一类机械的工作原理。

物体在造成拉伸或者挤压的外力撤去后恢复原状的性质即为弹性。弹性的结构在大自然中比比皆是。葫芦科植物卷成螺旋状的触须,就表现出很好的弹性,这启发人们制作出了弹簧,也启发人们认识弹簧的用途(对植物来说,提供灵活的弱连接,同时还能减振。这个性质将来会用到扫描隧道显微镜上,实现了给原子照相)。弹簧在武器设计中时常会用到,比如用于枪机、地雷的触发,用于载具的减震,它也是初级物理里的第一个物理模型(图2.5)。设有一根弹簧,从自由状态被拉伸或者压缩了的长度为 l,若所需的力可表达为

$$F = -kl, \quad (2.13)$$

我们认为材料还在弹性范围,这里的系数 k 称为弹簧的弹性系数,取决于弹簧的几何以及制作弹簧材料的力学性质。实际的弹簧,拉伸和压缩对应的弹性系数是不同的,为简单计,此处不论。将一根弹簧在一端固定,从另一端被压缩的长度达 l,则在这根弹簧中就储存了能量(弹性势能)

$$E = \int_0^l kx\mathrm{d}x = \frac{1}{2}kl^2。 \quad (2.14)$$

如果在自由端悬挂一个质量为 m 的物体,则在理想状况下,弹簧再恢复自由状态时释放出全部能量,而物体被加速到速度 V,由关系式

$$\frac{1}{2}kl^2 = \frac{1}{2}mV^2 \quad (2.15)$$

给出。如果物体同弹簧没有连接,它就会被发射出去,成为一粒弹丸;如果物体同弹簧相连接,它就会拉着弹簧继续前行,到达拉伸长度为 l 时停下,然后被拉回,经过自由状态位置直到把弹簧压缩到最大压缩状态,如此往复。这后一种情形,即弹簧挂一个质量为 m 的物体的理想体系,就是谐振子体系(图2.5)。设想在弹簧形变为 x 时的速度为 v,则谐振子体系的物理由哈密顿量

$$H = \frac{1}{2}kx^2 + \frac{1}{2}mv^2 \quad (2.16)$$

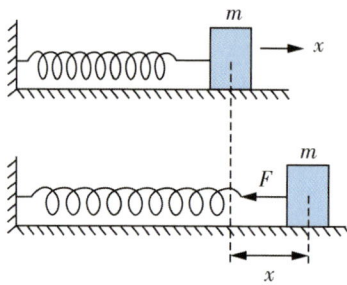

图2.5 植物触须、弹簧与谐振子模型

第二章　古代武器

描述,哈密顿量可简单理解为体系的能量。请千万不要小瞧这个弹簧构成的谐振子模型,它是物理学最基本的模型,如果你觉得它简单,那是因为你还没学到稍有难度的内容。比如等你学到了如何将 $H = \frac{1}{2}kx^2 + \frac{1}{2}mv^2$ 所表示的能量量子化,这说明你可能开始学量子力学了。有一种说法,如果你理解了谐振子,你就理解了75%的物理学!

惯性原理

物体在所受外力为零的情况下会保持速度不变,作匀速直线运动,这就是所谓的惯性原理(广义相对论修订了惯性的定义,在除引力以外的外力为零时,物体的运动为惯性运动,轨迹为测地线。此处不论)。将外力加于一个物体上,物体的速度根据公式(2.2)改变;一旦撤去外力,物体即以此时刻的速度保持匀速直线运动。当然了,在地球表面,重力始终存在,在继续运动时还会有空气的阻力,这是后话。一些简单的武器就是利用的惯性运动,比如我国的绳镖、中亚直到西藏一带使用的抛石器(sling,图2.6)。这类武器利用的是如下的事实:在绕轴匀速转动中,物体的线速度为

$$v = \omega r, \tag{2.17}$$

方向沿着所转圆圈的切线方向,其中 r 为离转轴(人体的中轴线)的距离,而 ω 为转动的角速度。由于离转轴的距离 r 可以超越人的臂长,因此在角速度足够大时将抛射物释放,可以获得人类直接抛掷所达不到的线速度。图2.6中是一种简易的抛石器,绳子中间有个皮窝,用来兜住石子。握住绳子一端,用食指扣住另一端的环,转动;在合适的时机,放平食指松开绳子一端,石子依惯性飞出。

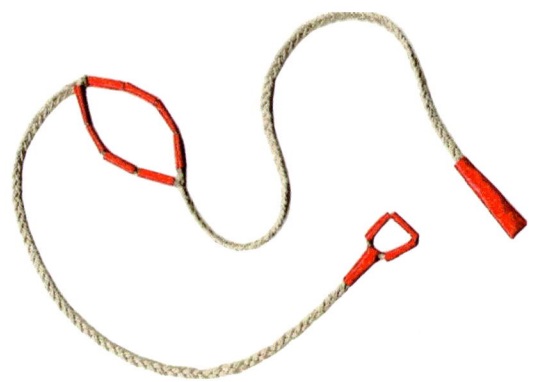

图2.6 一种简易的用绳子制作的抛石器

2.4 弹射武器

人类还生活在树上的时候就认识到弹性的威力了,被自身压弯的树枝反弹回来抽在身上是很疼的。实际上,猿猴都知道利用树枝的弹性登高跃远。将一截柔软的树枝弯曲后用绳子绷紧,就做成了一件最原始的冷兵器——弓,可以把一根细杆儿——箭——发射出去。箭字,从竹,箭从前是用竹子、树枝做的(笔者小时候玩的弓,射出去的箭是高粱秆的梢。箭要直),后来前端有了金属制的箭镞。相比于人直接投出去的投枪或者石块,弓箭首要追求的是增加射程。此外,弓携带、使用方便,一只弓可以配备多只箭,必要时箭还可以放弃不理。

弓是抛射兵器中最古老的一种弹射武器。弓由富有弹性的弓臂和柔韧的弓弦构成,拉弦张弓过程中积聚的力量可在瞬间释放。实际上,在古代的弓结构中,因为缺乏高弹性的材料做弓弦,弹力主要由弓臂(弓把和弓片)提供。最原始的制弓材料是木材,紫杉木、白蜡木、榆

第二章 古代武器

木、山榆、桑木、红槭等都是较好的选择,万不得已也有用竹子的。后来,为了提高弓臂的弹力,又出现了复合弓,以混合的木材或骨头构成的细长片制造。这种层压物可以制造出极具威力的弓。现代的弓多是用轻质金属合金、炭纤维混合制造的,也是复合弓。

最简单的弓用手直接拉开,因此考验的是射箭者的力气,强健者能开七十多公斤的强弓。为了克服手的力量不足的问题,有人将弓改为平射,用腰部开弓(belly-bow)。人类在使用弓的过程中不断对其改进,因此出现了很多弓的变种,比如弩。弩有很多优点,加了扳机的弩其待发射状态可以长时间保持,可以用双手开弓。弩身是横置的,可以将箭矢装于"臂"上的箭槽内,因此弩的射程远,更有准头。弩可以连发。1986年出土于湖北荆州的战国连发弩,矢匣中装有二十根左右短箭,每次发射两根。弩如今还是反恐斗争中的利器。

弓的一个变种是弹(tán)弓,其弓弦中间改为一个皮兜儿,即弹弓兜(armature,bucket),发射出去的是石子或者泥丸而非箭矢。此时的弹弓,其弹性还是主要来自弓臂。元代画作《挟弹游骑图》,画中人手里拿的就是弹(tán)弓。及至后来有了高弹性材料,其弹性系数和弹性形变都够大从而能保证将弹丸加速到足够高的初速度,这样就可以免除弓臂提供弹性的功能。弓臂不再要求有弹性,退化为单纯的支架,这样就可以用金属材料或者木头充任,所谓的木头支架常常是天然的树杈,如小榆树、柳树的树杈。对弹丸加速所要求的弹性来自高弹性橡胶制品,其弹性范围甚至超过自然长度。这样,弹弓的设计既可以照顾到人体工程学的要求(与使用者手臂有关),又可以充分提供加速距离。以笔者用弹弓为例,皮筋自然长度为40—45 cm、拉伸状态长度为112 cm

时感觉最舒适。这种形式的弹(tán)弓,由固定支架、弹性的筋和弹兜儿(皮窝儿)构成,一般称为弹(dàn)弓,或许是因为这时关注点在弹(dàn)丸身上吧。弹(tán)弓和弹(dàn)弓都是很好的冷兵器。当代的电磁轨道炮也不过是一种弹(tán)弓而已,不过那里的弓弦可能是一道电弧(见第七章)。

图2.7　弓、弩与弹(dàn)弓

弓、弩、弹弓(图2.7),说到底都是单兵武器,取决于个人的体力,因此其射程、杀伤力都不大。为了获得更大质量的抛射物(projectile, missile)和更远的射程,古人开始研制用来抛射的大型机械。机械,相关的词汇有 mechanic, mechanism,给人类带来了最为基础的一门物理学:mechanics(力学)。用来抛射重物的大型机械名称繁多(抛石机、投石机、投石车或弩炮等,西文词有 catapult, mangonel, onager, trebuchet, ballista 等),发射物可以是石块、箭矢、投枪或者燃烧罐等,为简单计,此处笼统地用抛石机一词指代。抛石机在中国最早出现于战国时期,在西方约出现于公元前5世纪。抛石机是人类制作的第一个称为机械的东西(我总觉得在此之前的弓应该算是机械)。关于抛石机的机理,

第二章　古代武器

上节已有简单介绍。其实,放羊人用的铲子就是一种特殊的抛石机(图2.8)。放羊人两手的握铲处可以**交替地**作为支点和用力点,而其铲子对应弹弓或者抛石机的皮窝,其形状是两侧往上半卷,方便从地上自动装填石子,聪明至极也自然至极。抛石机在中外历史上都有各种不同的设计(图2.9),感兴趣的读者请参阅专门著作。抛石机的攻击距离,最远也不过200米,这是冷兵器攻击距离的极限了。更大的攻击距离依赖于热兵器的出现,并随着科学技术的进步不断刷新纪录。

图2.8　放羊铲,最简易的抛石机

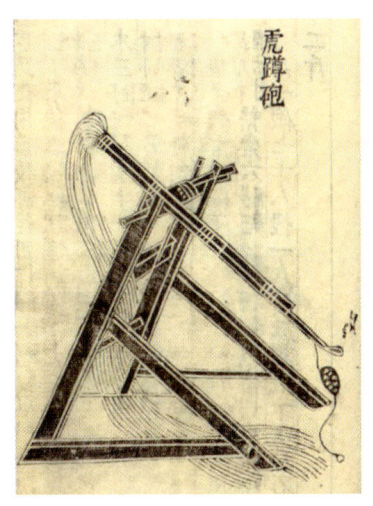
图2.9　《武经总要》里的虎蹲砲

2.5　结束语

武器是人类因生存需要而自然产生的。最初的武器来自大自然。古代人在生产活动中逐渐学会了制陶、采矿和冶炼,有了金属制兵器。基于对弹性、惯性、力矩、杠杆原理、抛体运动等概念的模糊认识,人类制作了弓弩和抛石机,极大地扩展了武器的攻击距离。抛石机是人类制作的第一批机械,基于此产生了机械这门技术行当和力学这门科学。军事与物理学之间的相互促进,在抛石机被应用的那一刻开始了。从对最原始武器的科学思考的最直接的产物(outgrowth),是经典力学和弹道学。力学,作为对武器思考的学术产物,还只是一个开端。其后的人类社会发展过程中,战争与物理之间一直有一种也许是让我们感到非常痛心的互相促进的关系。这个世界上最重要的物理学奖来自诺贝尔奖,诺贝尔奖还有个别名叫"炸药奖",这或许不只是巧合吧!

参考文献

1. 杨泓,古代兵器通论,紫禁城出版社(2005).
2. Tony Atkins, *The Science and Engineering of Cutting*, Elsevier (2009).
3. Harry Sidebottom, *Ancient Warfare: A Very Short Introduction*, Oxford University Press (2004).
4. John O'Bryan, *A History of Weapons: Crossbows, Caltrops, Catapults & Lots of Other Things that Can Seriously Mess You Up*, Chronicle Books (2013).
5. Mike Loades, *The Longbow*, Osprey Publishing (2013).
6. R. F. Tylecote, *A History of Metallurgy*, Maney Publishing (2002).
7. Paul E. Chevedden, et al., The Trebuchet, *Scientific American*, 66-71 (July 1995).
8. Michael S. Fulton, *Artillery in the Era of the Crusades: Siege Warfare and the Development of Trebuchet Technology*, Brill (2018).

第三章
力学与运动

> Notre nature est dans le mouvement.
> —— Blaise Pascal, *Pensées* [1]

> 为了胜利，向我开炮！
> —— 电影《英雄儿女》

摘要 弹道学和弹体的动力学行为是武器设计与应用中的重要考量，涉及质点运动学和刚体动力学。动量守恒和(机械)能量守恒是动力学过程必须同时遵守的基本规律。描述物体的运动要同时考虑速度、动量和动能这三个物理量，动能武器的巨大动能实际上来自高速度。武器发射多依靠动量守恒定律所规定的反冲运动，火箭方程描述持续推进过程。刚体动力学中的物理量多是张量，发动机、陀螺仪和飞行器物等各种涉及转动的设备都要依靠刚体动力学加以理解。

关键词 运动,平动,转动,矢量,反导,质点,刚体,(角)速度,(角)加速度,抛体运动,弹道学,(角)动量(守恒),无后坐力炮,动能,动能武器,穿甲弹,破甲弹,转动惯量,来复线,陀螺仪,火箭方程

---

[1] 我们的自然处于运动中。—— 帕斯卡,《思想录》

3.1 引言

万物都在运动中。对于攻击武器和防御武器来说,运动性能更是在其设计过程中首先要考虑的物理内容。一般地,运动分为平动和转动[①]。描述一个广延物体的运动需要引入大量的物理量:质心(重心)、转动惯量、(角)速度、(角)加速度、(角)动量、动能,等等。这些物理量与武器的发射、飞行、拦截、毁伤能力有关,决定其轨迹或者威力。

在理解运动有关的物理量之前,如下几个在教科书中很少加以分剖的概念需要弄清楚,物理量是要根据这几个概念分类的。知道一个物理量数学意义上的类型,你就知道了它应该遵循的算法,这对于我们快速、正确地理解相关物理内容来说至关重要。首先是标量(scalar)和矢量(vector)。标量和矢量的概念一开始来自四元数 $Q = a + bi + cj + dk$,其中

$$ii = jj = kk = -1,\ ij = k; jk = i; ki = j, \tag{3.1}$$

哈密顿把四元数中单纯的数 a 称为标量,而 $bi + cj + dk$ 称为矢量。这里的 i,j,k 都是虚数,即其平方皆为 -1,它们之间的乘法 $ij = k; jk = i; ki = j$ 就是我们在力学、电磁学课上遇到的右手定则。

哈密顿的矢量概念在后来的"线的代数"语境中有了变化。矢量是满足线性结构的量,即若 v_1, v_2 是矢量,不管矢量的具体含义是什么,则它们的线性组合

$$v = \lambda_1 v_1 + \lambda_2 v_2 \tag{3.2}$$

[①] 从线的代数(linear algebra, 就是 algebra of line segment)的角度,依然有转动归根到底还是平动的观点。参阅拙著《磅礴为一》。

也必然是矢量,其中 λ_1,λ_2 是单纯的(复)数。请注意,公式(3.2)里的关键操作是"加法"。也就是说,矢量是具有线性可加性的量,属于"线的代数"的范畴。在一般的数学和物理书中,矢量都被说成是既有大小又有方向的量,这个说法是错误的。矢量可以有大小和方向但不必非要有大小和方向。建议感兴趣的读者深入修习一些linear algebra课程。笔者要强调,linear algebra,汉译"线性代数"错失了它的本义,极大地影响了对这门学科的理解。Linear algebra,不是什么"线性代数",是"线的代数",与之对应的是"点的代数"(一般初中数学课本里的代数)、"面的代数"(电磁学、固体力学要用到的代数,空间几何要用到的代数)。

另外一个要了解的概念是张量(tensor)。张量是描述物质和场的紧张状态的量,可见其会出现在力学和电磁学中,实际上这个概念就是源于力学和电磁学。简单地说,一个量,假如随着坐标系的变换它要相应地经历 p-重协变的和 q-重逆变的坐标变换,它就称为 (p,q)-阶张量。标量和矢量也可以归于张量的概念之下,标量是0-阶张量,意思是它不随坐标系变化而变化;矢量是1-阶张量,意思是它随坐标系的变换经历1-重坐标变换。物理上用到的张量,一般是2-阶张量,广义相对论中会时常用到3-阶、4-阶张量。为了简化理解,读者可将2-阶张量暂且理解为矩阵。

本章关注的与运动有关的物理量可按照标量、矢量和2-阶张量来分类。物体的质量、动能(kinetic energy)、绕固定轴的转动惯量,都是标量。标量可直接相加。比如质量为 m_1 的物体和质量为 m_2 的物体粘到一起,总质量就是 m_1+m_2。位移、速度、加速度、动量和力,这些物

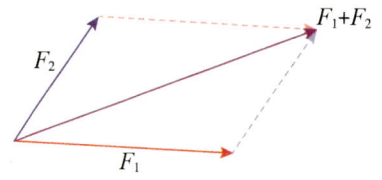

图 3.1 矢量相加的平行四边形法则

理量是矢量,遵从线性可加性。例如,在一个物体上施加了力 $\boldsymbol{F}_1$ 和 $\boldsymbol{F}_2$,则物体的加速度方向在 $\boldsymbol{F}_1+\boldsymbol{F}_2$ 按照平行四边形法则相加得到的合力方向上(图 3.1)。矢量的线性可加性是理解位移、弹道等内容的数学基础。物体的形变、转动惯量、角速度和角动量等都是 2-阶张量,它们出现在公式中时可看作是矩阵。顺便说一句,物体的形变、转动惯量作为矩阵是对称矩阵,而表示角速度、角动量的矩阵则是反对称(skew-symmetric)矩阵,后者也是二矢量(bivector)。欲深刻理解这些内容,读者可参考几何代数方面的专著。

3.2 速度、动量与动能

一个物体,暂不考虑其几何形状而只当作质量为 m 的质点看待,其运动可由三个物理量,即速度(矢量)$\boldsymbol{v}$、动量(矢量)$\boldsymbol{p}=m\boldsymbol{v}$ 和动能(标量)$E_\mathrm{k}=\frac{1}{2}mv^2$ 来描述。按说,一个质量为 m 的物体以速度 $\boldsymbol{v}$ 运动,这里的信息已经足够了,为什么要考虑速度、动量和动能这三者呢?首先,从数学的角度来看,速度这种物理矢量,既有方向又有范(norm。通俗地说就是大小、长度),定义为

$$\|\boldsymbol{v}\|=\sqrt{\boldsymbol{v}\cdot\boldsymbol{v}}=\sqrt{v_x^2+v_y^2+v_z^2}, \qquad (3.3)$$

所以 $\boldsymbol{v}\cdot\boldsymbol{v}$ 这个标量就有存在的必要性。谈论速度如果只论及大小而不强调方向的时候,会用速率(velocity)的概念,$\|\boldsymbol{v}\|$ 就是速度(矢量)$\boldsymbol{v}$ 对应的速率。在军事文献中,许多时候谈论的速度实际是速率。从物

理角度理解,牛顿第二定律

$$\frac{d\boldsymbol{p}}{dt} = \boldsymbol{F}, \quad (3.4)$$

定义了力矢量。对一个运动物体的用力,则力关于时间的不定积分对应动量(矢量),

$$\int \boldsymbol{F} dt = \boldsymbol{p}, \quad (3.5a)$$

力关于路径的不定积分对应动能,

$$\int \boldsymbol{F} \cdot d\boldsymbol{s} = \int m\boldsymbol{v} \cdot d\boldsymbol{v} = \frac{1}{2}mv^2 。\quad (3.5b)$$

如果我们习惯于用四维时空$(x,y,z;ct)$思考问题,则知道动量和能量本来就要一起构成一个和时空对应的4-矢量$(p_x, p_y, p_z; E/c)$。

运动物体需要用速度$\boldsymbol{v}$,动量$\boldsymbol{p}=m\boldsymbol{v}$和动能$E_k=\frac{1}{2}mv^2$这三者加以表征的必要性,以反导的要求为例说明特别容易理解。首先,对于反导导弹来说,拥有合适的速度(矢量)$\boldsymbol{v}$是硬指标,方向不对或者速度的大小不足以追上或者截击来袭导弹,那就什么都不用说了。天下武功,唯快不破,达到和长时间保持足够大的速度从来都是对武器装备的第一考量。第二,无论是来袭导弹还是反导导弹,都有机动变轨的需求,这个过程要考量的是动量(矢量)$\boldsymbol{p}$随时间的变化率,推动力是靠自身携带的小火箭提供的(见下)。第三,当反导导弹追上来袭导弹时,它依靠动能E_k毁伤目标。现在的高超音速导弹属于动能弹,其战斗部没有装药,一般地就是个质量块儿。这类导弹要求在经过高速长途飞行后抵近目标时,其战斗部剩余的质量还能在1 kg的量级从而保证其动

能 $E_k = \frac{1}{2}mv^2$ 还足以摧毁目标。此外,如果仅仅是直线加速,从方程(3.4)中似乎只能看到动量矢量 $\boldsymbol{p}$。然而,转动才是运动的主角,反导武器常常需要做大角度转弯(小转弯半径)。设速度 v 要被以转弯半径 r 来偏转,则要求施加的向心力为

$$f = -m\frac{v^2}{r}\boldsymbol{r}_0 = -\frac{2E_k}{r}\boldsymbol{r}_0, \qquad (3.6)$$

其中 $\boldsymbol{r}_0$ 是和速度垂直、指向轨道内侧的单位矢量,此时用动能这个物理量来描述也许更恰当。动能越大的飞行体,其大角度转弯就越不容易。

在很多场合,大的速度动态范围、速度的精度控制才是重要的。比如舰载机降落,作为战斗机它当然要有高的巡航速度,但在降落时一方面飞机的速度要降下来让飞机的尾钩能挂上拦阻索,另一方面飞机要保持足够高的速度从而保证万一着舰失败能顺利复飞,这就要求在起飞速度附近要有好的速度控制能力。举例来说,我国歼-15舰载机最大速度可达马赫数2.4(马赫数1~1225 km/h),其着舰速度约为200 km/h。舰载机采用的另一个策略是垂直起降,用物理的表述,这要求飞机不仅有水平方向(高)速度飞行的能力,还要有能力在水平方向上与航母同步同时在垂直方向上慢慢减速到零。其他的场合,比如反导要求在高速且在速率几乎不减的前提下迅速调整方向,空间站对接时则要实现相对速度约等于零、方向上要使得对接接口达到毫米量级的精度,而反坦克导弹以几倍音速的速度平飞到坦克附近要迅速改为垂直攻击,这些都对速度(矢量)控制提出了特别的挑战。此外,导弹的机动变轨、随机变轨,战机的落叶飘机动与空中加油,更是对速度(矢量)控制的极限挑战。至于运载火箭回收,那是一个经历过第一宇宙速度的物体,要

在约为零的速度上在几秒钟的时间段内被精确调控,使得其静止下来。

顺便说一句,当前超高速武器的飞行速度已达到马赫数 20 的水平,终端突防速度甚至可达马赫数 30。2022 年 3 月 19 日,第一次有超高音速导弹(马赫数 10)投入实战。

3.3 动量与动量守恒

根据经典力学,一个物体在不受外力的情况下保持其运动状态不变,$v =$ const.,此为惯性定律。如果是两个相互作用着的物体,在不受外力的情形下,此两物体速度的线性组合为一不变量,

$$\lambda_1 \boldsymbol{v}_1 + \lambda_2 \boldsymbol{v}_2 = \text{const.}, \tag{3.7}$$

所谓速度是矢量的含义就体现在这个表达式里。这里的系数 λ,就是我们理解的质量(的定义),故可表示为

$$\boldsymbol{p} = m_1 \boldsymbol{v}_1 + m_2 \boldsymbol{v}_2 = \text{const.}, \tag{3.8}$$

即动量守恒。对于由更多子系统构成的系统,动量守恒可表示为 $\boldsymbol{p} = \sum_{i=1}^{n} m_i \boldsymbol{v}_i =$ const.。动量守恒是一个基本物理定律。孤立系统里的物理过程都要满足动量守恒。

考虑简单的两体体系。当物体 1 有速度改变 $\Delta \boldsymbol{v}_1$ 时,物体 2 必然遭遇速度改变

$$\Delta \boldsymbol{v}_2 = -\frac{m_1}{m_2} \Delta \boldsymbol{v}_1, \tag{3.9}$$

这就是所谓的反冲(recoil)。武器系统中,在弹头由静止被加速到一定速度飞出去的瞬间(持续时间不足 0.1 秒),枪炮也获得了向后的速度。这个速度要由支撑体(支架或者人)给卸掉归零,故而支撑体会遭

遇后坐力。一般的火炮，比如加农炮，为了保证弹丸的膛速，炮膛后部的设计都是尽可能地少漏气，从而保证爆炸产生的高气压能将炮弹加速抛射出去，因此炮身会遭遇强大的后坐力。这种结构的炮，从前要求构筑炮阵地以将炮身固定到地上，或者如如今的自行火炮那样加载到重型运载车辆上，从而能够抗得住后坐力的冲击。如果是单兵使用的火炮或者导弹，甚至一些大型狙击枪，如何减小后坐力的问题就要在设计时纳入考量了。第一次世界大战时期诞生了无后坐力炮的概念，炮膛后方采用开放式设计。火药爆炸后，火药燃气推动弹丸向前运动，部分燃气和弹壳从喷管高速向后弹出，必要时炮弹壳还添加配重物以平衡射弹和前喷燃气的动量，这样就避免了后坐力的产生。无后坐力炮和单兵用导弹发射装置，大体上就是个直筒子结构（图3.2）。发射过程当然遵循基本的运动定律，有推进和反冲，但相当程度上与发射装置脱耦合了。反冲运动依然有，但不表现为发射架及其载具要承受的后坐力。

图3.2　无后坐力炮

3.4 机械能守恒定律

物体下落的现象早已引起了人们的注意。意大利人伽利略(Galileo Galilei, 1564—1642)在 1604 年通过自己精心设计的实验研究小球自斜坡上滚落的过程,得到公式

$$h = \frac{1}{2}at^2, \tag{3.10}$$

其中 h 是小球在斜坡上滚过的长度,而常数 a 是加速度,t 是时长。在垂直下落的情形,

$$h = \frac{1}{2}gt^2, \tag{3.11}$$

h 是下落高度,而常数 g 是重力加速度,由大地的密度和几何形状所决定(大地不是严格的球形,因此地球表面不同地点上的重力加速度有些微的差别)。

物体在自由下落时,速度会一直增加;物体上抛时,速度会先减小到零,然后落下来。在这个过程中,速度的改变 Δv 和高度的改变 Δh 是什么关系呢?由最简单的关系出发,可以假设它们是成正比的,$\Delta v = k \Delta h$,k 是一个未知的物理常数。由物体落地带来的冲击效果(能定性地反映落地速度的大小)来看,这个正比关系不成立。那下一个合理的猜测就是假设

$$(\Delta v)^2 = k \Delta h。 \tag{3.12}$$

把质量 m 和重力加速度 g 这些与下落过程相关的物理量带进去,改写成

$$\frac{1}{2}m(\Delta v)^2 = mg\Delta h \tag{3.13}$$

的形式，这个表达式里还是只有一个未知的常数 g。进一步考察从高度 h_1 下落到高度 h_2 的过程，

$$\frac{1}{2}m(v_2^2 - v_1^2) = mg(h_1 - h_2)，\quad (3.14)$$

两边移项得

$$\frac{1}{2}mv_1^2 + mgh_1 = \frac{1}{2}mv_2^2 + mgh_2。\quad (3.15)$$

注意这个表达式左侧只和位置 1 有关，右侧只和位置 2 有关。这说明，在下落过程中的任意点上，

$$\frac{1}{2}mv^2 + mgh = \mathrm{const.}，\quad (3.16)$$

这就是所谓的机械能守恒定律。这里的物理量 $E_k = \frac{1}{2}mv^2$ 称为运动物体的动能。一开始莱布尼茨（Gottfried Wilhelm Leibniz，1646—1716）和沙特莱夫人（Emilie du Châtelet，1706—1749）引入的是物理量 mv^2，称为活力（vis viva），前面的系数 $\frac{1}{2}$ 是约翰·贝努里（Johann Bernoulli，1667—1748）后来加上的。

机械能守恒定律对于描述重力场中的运动非常有用。进一步地还有热与功的转化，这启发了能量守恒定律的发现。**用守恒量描述物理过程是物理学的一个范式**。可以这样理解："对于实际发生的物理过程，可以对过程前后的参与者定义一个称为能量的物理量，这个量的总和在过程前后不变。"能量守恒定律可以用来方便地理解诸多过程，自然也是理解武器所涉及的各种物理过程的依据。必须牢记，对于实际的物理过程来说，仅有一个能量守恒定律是不够的。

3.5 落体运动与弹道

根据位移、速度、加速度是矢量的性质,容易得出抛体自由运动的规律。将一个物体以速度 v_0 抛出去,暂时忽略空气阻力,则其运动由两部分构成:在重力场 g 中的自由下落和以恒定速度 v_0 的惯性运动。前者带来的位移(矢量)为 $\frac{1}{2}t^2 g$,后者带来的位移(矢量)为 tv_0,故而相对于抛出点,抛体的位移(矢量)为

$$r = \frac{1}{2}t^2 g + tv_0, \qquad (3.17)$$

其图像为关于时间 t 的抛物线(图 3.3)。此处 g 是重力加速度,垂直向下,其值约为 9.8 m/s²。若初始速度同水平面的夹角为 θ,初速度可以看作是水平分量 $v_0 \cos\theta$ 和垂直分量 $v_0 \sin\theta$ 之合(合成,即矢量加法),则位移可以表示为

$$r = \frac{1}{2}t^2 g + tv_0 \sin\theta + tv_0 \cos\theta, \qquad (3.18)$$

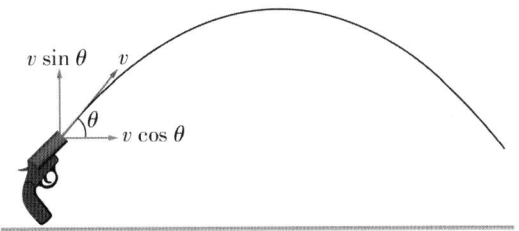

图 3.3　抛体的自由运动轨迹

其中前两项为垂直方向的运动(先向上,后转而向下),最后一项 $tv_0 \cos\theta$ 描述抛体飞出去的水平距离,简单地同时间成正比。由此可见,水平方向上能飞出去多远(射程),正比于垂直方向上直到落地那一刻能赢得多少时间。这个公式是真空中抛体运动的公式,是弹道学

(ballistics)的基础。实际上,对于加速度指向任何方向的匀加速运动,位移(矢量)都可以用公式

$$r = \frac{1}{2}t^2 \boldsymbol{a} + t\boldsymbol{v}_0 \tag{3.19}$$

简单地加以表示。

实际情形中,抛体在大气中的飞行还会遭遇来自大气的阻力,阻力总是同瞬时速度方向相反,故抛体的运动方程可写为

$$m\frac{d\boldsymbol{v}}{dt} = \boldsymbol{g} - \alpha|\boldsymbol{v}|^\beta \boldsymbol{v}, \tag{3.20}$$

方程右边最后一项描述大气的阻力,系数 α 和指数 β 依赖于抛体的几何和大气密度,一般会取 $\beta = 1$。其实,由于大气密度随气象条件、高度等因素变化(空气的密度在海面上和高原上差别巨大),公式(3.20)只具有不多的指导性意义。一个抛体的实际弹着点会受多种因素影响,实战过程中如何让弹着点落在预定目标上需要借助一个修正的过程。由于一般来说炮弹的初始速度(膛速)大小是一定的,因此可调节的是炮口的仰角和炮管的方位角。根据当前弹着点同目标的关系,调整出膛炮弹的方向。在过去,这个过程靠炮手亦或侦察兵观察弹着点,凭经验调整炮弹的方向。

宋代的《守城录》就有如何调整砲(抛石机)落点的描述,其做法就是试射、调整,"三两砲间便可中物",这也算是高手了。今天,对于类似火箭炮远程打击的校准问题,借助无人机、侦察卫星等提供的数据,弹着点可由计算机自动修正。至此,大家也就明白了为什么会有专门的炮校,炮校有专门的炮兵指挥专业了。随着先进无人机的大量使用,如今火炮、导弹多采用无人机校射。实际上,由于在空气中不同条件下弹体飞行路径具有极大的不确定性,高射炮弹、穿甲弹等还会使用曳光弹。发光的炮弹自动指

第三章 力学与运动

示其飞行径迹,以利操作者凭经验、目视即刻修正射击诸元。反炮兵雷达根据炮弹的轨迹计算炮阵地的位置,算是弹道计算的逆问题。

来自同环境介质之间相对运动所造成的阻力如影随形。因为阻力的不期而至,如何保持住速度不是一件容易的事儿。为了减少介质阻力对抛射体的减速效果,低阻力弹采用了特殊的弹体几何。低阻力弹主要有枣核弹和底凹弹。枣核弹把弹体做得细长,底凹弹则是使重心前移或增大长细比来改变弹形系数,以达到减小飞行阻力的目的。介质阻力是武器科学中格外值得关注的因素,既要克服,也可以善加利用,比如降落伞(减速伞)就是利用介质阻力工作的。

物体,假定其是刚体,在流体中的运动,比如炮弹在空气中的运动,鱼雷在水中的运动,是一种特殊的相互作用。流体受到扰动被激发起来,在相对速度够高时甚至会产生激波;与此同时,物体的运动也遭遇了阻碍。介质阻力的特点是它的大小与方向依赖于速度,是瞬变的。与此相对,重力场是一直在的,方向和大小几乎是恒定的。此处我们只关注运动固体遭遇流体阻力(fluid drag)的情形中最简单的那种。

考察物体在流体中的自由下落。设向下的方向为正,运动方程(与前不同,此处只需要考虑速率)为

$$m\frac{\mathrm{d}v}{\mathrm{d}t} = mg - \alpha v^n。 \tag{3.21}$$

显然,解的形式取决于指数 n。如果愿意简化,可以认为流体阻力同落体的迎面面积(projected area, silhouette)成正比,故而可将面积因素突出出来,方程变为

$$m\frac{\mathrm{d}v}{\mathrm{d}t} = mg - \alpha A v^n, \tag{3.22}$$

此处的迎面面积 A 应是在运动方向上的轮廓剪影的面积。具体的情形很复杂,但有一点是肯定的,物体运动的过程是一个逐步加速直到速度达到最大值而后变为匀速运动的过程,最大速度为 $v_{\max} = \sqrt[n]{mg/\alpha A}$。这个自由下落能达到的最大速度,英文中称为 terminal velocity、settling velocity,可译为终极速率(因为无需强调方向)。当然这是简化的图像。就降落伞的使用而言,实际过程中空气是越往下密度越大的,跳伞者还会调节伞的有效面积来调节空气阻力。但不管怎样,降落伞的发明依然是基于一个基本的认识:空气的阻力足以把下落速度稳定在一个可接受的数值上。人员跳伞的落地速度一般会控制在 6 m/s 左右。关于降落伞的讨论,若用到方程(3.22)一般也是取 $n=2$。

对于在流体中的情形,运动物体遭遇的阻力非常明显,有特别的名称——拖曳力(drag force),

$$F = \frac{1}{2}\rho A C_{\mathrm{d}} v^2, \qquad (3.23)$$

其中明确了流体密度 ρ 的作用,A 是运动物体的迎面面积,C_{d} 是拖曳系数(drag coefficient)。其实这样的公式也是勉强的,流体阻力并不是正比于 v^2(此公式中的 1/2 是为了就合基于 v^2 的后继计算方便),而拖曳系数 C_{d},对于上述 $n=2$ 的情形是无量纲的,则是把一些不便考虑的因素笼统地打包表示而已,这是典型的把问题当作灰尘扫到毯子下面(sweep the dust under the rug)的做法。对于具体的情形,比如深水炸弹在水中的自由下落过程,还是以实验为准。不管具体的细节,就均匀物体的自由下落而言,物体块头越大,最终达到的终极速度越大,因为阻力和迎面面积成正比,而重力同体积成正比。

在飞机关闭发动机、使用减速伞的情形,速度是水平方向的,重力不起作用,显然终极速度是零。如果在重力之外一直还有推力的存在,抛射体在空气中的运动可以是非常简单的形式。实际上,只要空气阻力是一个随着速度增加的函数,则将一个抛射体从零开始加速总会到达这样的时刻,其推力与阻力达到平衡。如果此后空气的物理参数没有剧烈的变化,抛射体会大致保持匀速运动。巡航导弹的中间巡航阶段就是这样运动的。巡航导弹是一种尺寸较小、有尾翼的导弹,其在发射后依靠主发动机的推进会达到推力与空气阻力平衡、升力与重力平衡的状态,从而以近似等高度、等速度的状态在低空中长途飞行。巡航导弹在稠密大气层飞行,飞行高度低,不易被远程侦测,攻击具有突然性。

3.6 火箭方程

抛射体的弹道问题初步可简化为一定质量的、具有一定初速度矢量的质点在重力场下、大气中的自由飞行过程。抛射体的飞行距离受限于其能获得的初速,指望提高初速以提高射程效果也极为有限。使用火药爆炸给予加速的这类火炮,射程(range)被限制在了 100 km 左右,大口径的可能只有 40 km。对抛射体飞行这个物理问题的扩展,一方面是抛射体在运动过程中随时会有加速,另一方面抛射体的质量也是动态变化着的。此外,实际的炮弹,尤其是后来演化出的火箭弹,具有很大的尺寸和大的长径比,当作质点处理就不合适了,必须当作有限尺寸、具有特定几何的刚体对待,其飞行稳定性是首要考量(见下)。为了提高射程,策略之一是发射后继续加速。作为二级效应,一些阶段性有用的部分在变得多余之后可以抛掉,比如运载火箭在发射过程中会及时抛掉前级火箭的空壳(不知道这灵感是否来自鸟类。鸟类在飞行途中会随时排泄以减少自身重量)。在抛体飞行过程中加速的一种简单实现方式见于火箭增程弹(racket-assisted projectile)。火箭增程弹是火炮和火箭技术相结合的产物,弹丸后部加装一台火箭发动机。当弹丸飞离炮筒一定距离后,火箭发动机点火给弹体加速,从而达到增程的目的。20 世纪 30 年代就出现了火箭炮,炮弹以火箭推进的方式获得更远的射程。火箭炮完全依靠火箭发动机助推飞行。火箭炮没有后座装置,因为它的发射是一个从零速度开始加速的过程,初始时的加速度也可以是不那么剧烈的。根据公开的资料,我国"卫士-2D"型火箭炮的火箭弹长为 8100 mm,弹径为 425 mm,射程可达 400 km。

任何一个装置,通过一个消耗自身质量的反方向推进系统获得加速度,都可以看作火箭。古时候就有的鞭炮"窜天猴"就是火箭的原型。自加速体系可以笼统地都归入火箭一类,其利用的原理一般会表述为动量守恒,但可以理解为两体体系的惯性问题。不受外力的两体体系,$p_1 + p_2 =$ const.,当一者因为爆炸、燃烧、弹出等原因获得动量增量 Δp 时,另一部分必然获得动量增量 $-\Delta p$,这就是反冲。利用持续的反冲过程可以实现长时间加速从而获得高速。

当一个物体最终被加速达到第一宇宙速度 7.9 km/s,即便停止加速该物体也不再是抛体了,因为它不再会因为重力而落下。若达到第二宇宙速度 11.2 km/s,该物体就能飞离地球。达到第一宇宙速度是开启航天时代的前提条件。

齐奥尔科夫斯基(Константи́н Эдуа́рдович Циолко́вский,1857—1935)于 1898 年完成了航天领域的经典论文《利用喷气工具研究宇宙

第三章 力学与运动

空间》,开启了利用火箭的航天时代,其于1903年推导得到的齐奥尔科夫斯基火箭方程(Tsiolkovsky rocket equation)是理解火箭推进问题的学术基础。考察一枚火箭,假设它离地面很远重力可忽略不计故而是一个不受外力的体系,在 t 时刻质量为 m,速度(严格说来,下面方程中用到的是速率)为 V,在下一时刻 $t+dt$ 质量变为 $m+dm$ 而被加速到 $V+dV$,原因是喷射出了相对于火箭其速度(强调一下,谈论速度是要有参照物的!)为 v_e 的质量 $-dm$,由动量守恒得

$$mV = (V+dV)(m+dm) - dm(V-v_e), \quad (3.24)$$

忽略二阶小量得到方程

$$dV = -\frac{v_e}{m}dm, \quad (3.25)$$

积分 $\int_{V}^{V+\Delta V} dV = -v_e \int_{m_0}^{m_f} dm/m$ 得

$$\Delta V = v_e \ln \frac{m_0}{m_f}, \quad (3.26)$$

其中 m_0 是火箭的初始质量,m_f 是火箭在某个推进阶段后的质量。这就是齐奥尔科夫斯基火箭方程。由此公式可见,火箭若想获得大的速度增量,火箭喷出的射流速度 v_e 要大,要携带足够多的工质,即 m_0/m_f 要够大。重要的一点是,无用的质量要及时抛掉以获取更有效的推进(因为 $\frac{m_0 - m_w}{m_f - m_w} > \frac{m_0}{m_f}$,$m_w$ 是某个阶段开始时可以抛弃的无用质量),这就是深空探测用火箭采用多级火箭和捆绑助推火箭的策略的原因(图3.4),前级火箭一旦燃料用尽就可以即时抛掉从而获得更有效的推进。不过,火箭初始时的质量越大,对初级火箭推力的要求就越高,故而会带来更大

图 3.4 携带捆绑式助推器的多级火箭

第三章　力学与运动

的技术挑战。当前最强大的运载火箭,其起飞重量超4000吨。

3.7　动能武器

武器起作用最简单粗暴的方式是利用其动能(指到达目标时尚拥有的动能)。原始的落石、飞矢,近代的穿甲弹、超高速武器,都可算是动能武器。从动能表达式 $E_k = \frac{1}{2}mv^2$ 容易看出,若想弹头拥有足够的动能,一是做到有高的侵彻速度(相对于被攻击对象),二是保有大的质量。对于当今的需要长途跋涉(10 000 km量级)的超高速(马赫数20—30)动能武器,如何经受大气分子高速轰击造成的磨损(wear)和高温造成的烧蚀(ablation)后还能保住1千克左右的弹头质量,是个巨大挑战。弹头质量最后还剩多少,取决于具体的飞行历史(路径及速度分配)。为了减少超高速武器弹头因摩擦造成的质量损失,实际选择的飞行路线是先飞出大气层,主段在外太空中飞行,接近目标时再进入大气。实际接近目标时弹头质量在公斤级。1千克的弹头,速度按马赫数20计,其动能约为23 MJ(兆焦,1 MJ = 10^6 J)。这个能量值比1千克TNT炸药爆炸时释放的能量(约4.2 MJ)大不了多少。但是,它是动能武器,是以很小的横截面积(1千克的钨球,直径约为4.6 cm)直接作用到目标上的,其杀伤力不容小觑。顺带说一句,1千克铀-235全部裂变时释放的能量约为81.9 TJ(太焦,1 TJ = 10^6 MJ = 10^{12} J)。

动能足够大的物体能将目标击碎、击穿,或者将大部分动能转化为高温将目标烧毁。如下以穿甲弹为例说明动能弹的作用原理。穿甲弹(armor piercing shell)是一种典型的动能弹,依靠弹丸强度和动能穿透装甲。大口径杆式穿甲弹的初速可达到 1800—2000 m/s。穿甲弹有装药的(在最后一刻给弹头加速),也有不装药的(实心的)。实心穿甲弹的弹头很尖,弹体细长。由于在同样的动能下受力面越小,动能越集中,穿甲效果也就越好。穿甲过程要求弹体自身能承受巨大的压力,因此有硬芯穿甲弹的设计,弹头中间有一根特别硬的弹芯,一般用金属钨、贫铀合金等制成,这根硬芯可以硬生生地穿过装甲。为了提高穿甲弹的作用效果,穿甲弹上还会有很多巧妙的设计。有的穿甲弹弹头有风帽以减少空气阻力,有被帽防止跳弹从而保证弹体相对装甲正面的动能,加强了侵彻装甲的能力;脱壳穿甲弹的穿甲弹芯则在出膛时就和弹头分离了,以减少飞行中的风阻,反正杀伤只靠弹芯就够了;而脱壳尾翼稳定穿甲弹的弹芯则装有尾翼以稳定飞行。

英文文献有把破甲弹归入穿甲弹类别之下的做法。破甲弹,high-explosive anti-tank,英文缩写 HEAT(热),看来是故意的,因为这恰巧解释了其工作机理与热有关。当然对于物质体系,热表现为其构成单元的动能(分布)。破甲弹是靠聚能装药爆炸后形成的金属射流穿透装甲的炸弹,是反坦克的主要弹种之一。破甲弹的关键原理是 19 世纪发现的门罗(Charles E. Munroe, 1849—1938)效应,即带有凹窝的爆炸物有聚能效应。笼统地说,这是个成型装药(shaped charge,也有聚能装药的说法)的问题。给爆炸物加上特定(力学性能加权的)外形的约束以操控爆炸能量的释放方式,从而可以用于实现不同目的。除了破甲弹以外,成型装药也是核武器引爆的重要一环。破甲弹的结构主体是向后鼓起的锥形衬层(一般是铜,容易形成均匀的射流),前部是空的,后部是高爆炸药(图 3.5)。当破甲弹碰到目标时,前端的压电触发引信引爆炸药,锥形金属衬层受爆炸冲击形成向前的、一定长度的高速射流击穿装甲板。射流首部的速度在 8000—9000 m/s(马赫数在 25 左右),射流尾部的速度也在 2000 m/s 量级。射流实际上是由固态金属碎片组成,但因为高速,其行为归入高速超塑性射流(high-velocity superplastic jet)。破甲弹属于化学聚能武器,高速射流是到达目标后才由爆炸造成的,所以无需高射速。

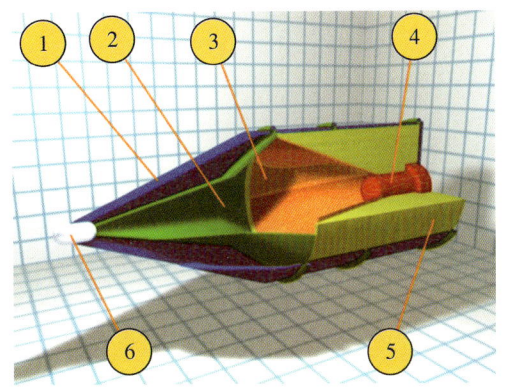

图3.5 破甲弹结构示意图:
1. 空气动力学外壳;
2. 空腔;
3. 锥形金属衬层(conic liner);
4. 起爆器(detonator);
5. 炸药;
6. 压电触发引信

3.8 广延物体的运动

质点的运动规律为理解物体的运动规律提供了最初步的原理性知识。具体的物体,尤其是军事意义上的物体,都有一定的尺寸,是广延物体(extended object)。广延物体的一个特征物理量是它的质量密度分布函数 $\rho(x,y,z)$,这个量决定物体的运动行为。如果质量密度为一常数,则此物质是均质的。为简单起见,如下的讨论中我们只以均质的情形为例。

定义积分

$$M^{(n)} = \int_\Omega \rho r^{(n)} \mathrm{d}x\mathrm{d}y\mathrm{d}z \qquad (3.27)$$

为物体的 n-阶质量矩(n-order moment of mass),Ω 为其占据的空间,其中的 $r^{(n)}$ 应理解为由 r 直乘所得到的 n-阶张量。对于 $n=0$,

$$M^{(0)} = \int_\Omega \rho \mathrm{d}x\mathrm{d}y\mathrm{d}z, \tag{3.28}$$

这就是其总质量 m。对于 $n=1$,

$$M^{(1)} = \int_\Omega \rho r \mathrm{d}x\mathrm{d}y\mathrm{d}z, \tag{3.29}$$

而量

$$r_C = M^{(1)}/m \tag{3.30}$$

就是我们熟悉的质量中心(位置),简称质心。在重力场中的物体,其质量中心就是所谓的重心。一个物体的重心容易物理地确定。将物体在其表面上一点吊起,得到一条铅垂线(plumb line);在不在此铅垂线上的另外一点上把物体吊起,得到另一条铅垂线。这两条铅垂线的交点就是物体的重心。对于简单的问题中高度对称的物体,比如考虑星球之间对各自运动的相互影响,知道质量分布的 0-阶矩和 1-阶矩就足够了。就军事意义而言,重心的位置事关各类器材的平衡性能。车辆重心太高容易倾覆,导弹重心位置不合适则影响飞行性能。

现在考察 2-阶矩,

$$M^{(2)} = \int_\Omega \rho rr \mathrm{d}x\mathrm{d}y\mathrm{d}z \text{。} \tag{3.31}$$

这是关于任意参照点的二阶矩。不妨定义关于质量中心 r_C 的 2-阶矩,

$$M^{(2)} = \int_\Omega \rho (r-r_C)(r-r_C) \mathrm{d}x\mathrm{d}y\mathrm{d}z, \tag{3.32}$$

更接近问题的实质。一般教科书里提及的转动惯量(rotational inertia)是由质量分布相对于给定转轴得到的一个标量,质量二阶矩和转动惯

第三章 力学与运动

量之间的关系比较复杂(见下)。转动惯量的概念由欧拉(Leonhard Euler, 1707—1783)于1765年引入。由转动惯量的概念,我们会理解对于转动物体(的操控)来说,几何设计和质量配置有多么重要。

转动惯量(moment of inertia),按英文字面意思还是惯性,可理解为计入形状因素的一种惯性,出现在角动量 J 和角速度 ω 之间的关系

$$J = I\omega, \tag{3.33}$$

以及扭矩 τ 同角加速度 α 之间的关系

$$\tau = I\alpha \tag{3.34}$$

中。转动惯量张量,形式上可写为

$$I = \iint_\Omega \rho(|r|^2 i_3 - r \otimes r)\,dxdydz, \tag{3.35}$$

其中 i_3 是 3×3 单位矩阵,$r \otimes r$ 是距离矢量之间的外积(outer product),$(u \otimes v)_{ij} = u_i v_j$。或者,将转动惯量显式地写为

$$I = \begin{pmatrix} I_{xx} & I_{xy} & I_{xz} \\ I_{yx} & I_{yy} & I_{yz} \\ I_{zx} & I_{zy} & I_{zz} \end{pmatrix} \tag{3.36}$$

的形式,其中 $I_{xx} = \int_\Omega \rho(y^2+z^2)\,dxdydz$;$I_{yy} = \int_\Omega \rho(z^2+x^2)\,dxdydz$;$I_{zz} = \int_\Omega \rho(x^2+y^2)\,dxdydz$;$I_{xy} = I_{yx} = -\int_\Omega \rho xy\,dxdydz$;$I_{yz} = I_{zy} = -\int_\Omega \rho yz\,dxdydz$;$I_{zx} = I_{xz} = -\int_\Omega \rho zx\,dxdydz$。

转动惯量张量是 3×3 对称实矩阵,根据数学,这样的矩阵,总可以化成对角矩阵的形式,$\begin{pmatrix} I_1 & 0 & 0 \\ 0 & I_2 & 0 \\ 0 & 0 & I_3 \end{pmatrix}$。$I_1, I_2, I_3$ 称为该物体的主转动惯

量,相应地,有三个方向矢量 e_1, e_2, e_3,满足

$$I \cdot e_1 = I_1 e_1, \quad I \cdot e_2 = I_2 e_2, \quad I \cdot e_3 = I_3 e_3, \tag{3.37}$$

称为转动主轴,它们构成一个三维空间的直角坐标系。有了转动惯量张量,则绕任一过质心的轴 $\hat{n}$ 的转动惯量值为

$$I_n = \hat{n} \cdot I \cdot \hat{n}, \tag{3.38}$$

此处 $\hat{n}$ 为用方向余弦给出的单位矢量。计算转动惯量可以借助转动惯量椭球的概念。以三个主转动惯量定义一个椭球壳(ellipsoid of inertia),

$$\frac{x^2}{I_1^{-1}} + \frac{y^2}{I_2^{-1}} + \frac{z^2}{I_3^{-1}} = 1, \tag{3.39}$$

则椭球壳上任一点 (x,y,z) 到原点的距离为 $\sqrt{1/I_C}$, I_C 即为绕过该点与原点(质心)的转轴的转动惯量。对于物体绕空间中任意轴的转动惯量 I,设该轴到过质心的平行轴的距离为 d,则有关系

$$I = I_C + md^2 \text{。} \tag{3.40}$$

对于绕固定轴的转动,这对应飞轮、发动机的情形,物体转动起来的动能为

$$E_k = \frac{1}{2} I \omega^2, \tag{3.41}$$

其中 ω 是角速度。对于绕定轴的转动,角速度 ω 可简单地看作是个数值。但是,和角动量一样,角速度是个二矢量(bivector),可表示为反对称矩阵形式,

$$\boldsymbol{\omega} = \begin{pmatrix} 0 & -\omega_z & \omega_y \\ \omega_z & 0 & -\omega_x \\ -\omega_y & \omega_x & 0 \end{pmatrix} \text{。} \tag{3.42}$$

物体绕其转动主轴的转动行为比较简单,因为此时角动量和角速度是同轴的。对于高速转动的机械如发动机来说,保证在其转速、负载、系统温度等因素都大跨度改变的状态下其瞬时转动轴始终是一个转动主轴且和支撑轴共线,不是一件容易的事儿,由此也可见发动机制造的难处所在。

对于三维刚体的转动,一个特点也是理解它的困难之来源是,角速度和角动量未必是平行的。以物体质心为参照点,得到的角动量为

$$\boldsymbol{L} = \boldsymbol{I} \cdot \boldsymbol{\omega}, \tag{3.43}$$

方程右侧的乘法告诉我们角速度 $\boldsymbol{\omega}$ 和角动量 $\boldsymbol{L}$ 之间一般不在一个方向上,这也是不规则物体的飞行行为特别诡异的原因。考察一个简单的情形:在以质心为原点、以物体三个惯量主轴为坐标轴所张成的直角坐标系中,刚体的转动动力学由欧拉转动方程描述:

$$\boldsymbol{I}\dot{\boldsymbol{\omega}} + \boldsymbol{\omega} \times (\boldsymbol{I}\boldsymbol{\omega}) = \boldsymbol{M}_\circ \tag{3.44}$$

这个公式里的力矩 $\boldsymbol{M}$,角速度 $\boldsymbol{\omega}$,严格说来是二矢量(bivector),而转动惯量 $\boldsymbol{I}$ 是二阶张量,因此还是将它展开成分量表示容易理解一些:

$$\begin{aligned} I_1\dot{\omega}_1 + (-I_2 + I_3)\omega_2\omega_3 &= M_1, \\ I_2\dot{\omega}_2 + (-I_3 + I_1)\omega_3\omega_1 &= M_2, \\ I_3\dot{\omega}_3 + (-I_1 + I_2)\omega_1\omega_2 &= M_3_\circ \end{aligned} \tag{3.45}$$

从这个方程的样子,大家也就能猜到不规则物体转动的行为有多复杂。其实,哪怕是高度对称的物体,其转动惯量主轴就是其几何的对称轴,假设 $I_1 > I_2 > I_3$,绕第二个转动主轴附近的轴的转动,其怪异行为都超出想象。建议读者观看空间站中 T 型小扳手的翻滚行为以获得一些直观感受。

最后,给几个简单对称物体的主转动惯量和相应的转动主轴例子。

圆盘，绕过圆心垂直的轴，$I_z = \frac{1}{2}mr^2$；绕过圆心在盘面内的轴，$I_x = \frac{1}{4}mr^2$。圆柱，绕过截面圆心的轴，$I_z = \frac{1}{2}mr^2$；绕过柱子中心与柱垂直的轴，$I_x = \frac{1}{12}m(3r^2 + L^2)$，其中 L 为柱长。球，过任一对称轴，$I = \frac{2}{5}mr^2$。球壳，过任一对称轴，$I = \frac{2}{3}mr^2$。圆锥，过对称轴，$I_z = \frac{3}{10}mr^2$；绕过顶端且与对称轴垂直的轴，$I_x = m\left(\frac{3}{5}h^2 + \frac{3}{20}r^2\right)$，其中 h 为锥高。椭球，过 z-对称轴，$I_z = \frac{1}{5}m(r_x^2 + r_y^2)$，其中 r_x, r_y 是 x-, y-方向上的半轴，过 x-, y-对称轴的情形依此类推。考虑到既要减小飞行阻力，又要有稳定的转动行为，弹头都采用对称抛体（symmetric projectile）的设计，直观可见的是其锥形的外形（图 3.6），不可见但在设计时必须考量的是其重心在中心对称轴上的位置，以及几何对称轴必然是转动惯量主轴之一。对于飞行中脱壳的抛射体，重心位置和转动惯量的安排就更讲究了。

图 3.6　弹体。看得见的是锥形外观，看不见但很重要的是重心和转动惯量的安排

第三章 力学与运动

转动动力学的军事应用案例之一是来复枪(rifle)的发明。考察子弹的弹道。子弹出膛时高度约为 1.5 m，若子弹只有平动，则因为重力子弹可以享有的飞行时间约为 0.55 s。以子弹膛速 700 m/s 计，子弹的射程约为 385 m。考虑到空气阻力，实际的射程应该远低于这个数值。为了克服子弹下坠以延长子弹的飞行时间，提升射程，遂有了来复枪的概念。在枪管里刻上螺旋形的膛线(helical pattern of grooves, rifling)，子弹出膛时会获得非常高的角速度(可达每分钟十万转以上)。按照公式(3.44)，因为子弹自身重量所产生的力矩 M 对改变角速度的效果可忽略不计，这样子弹前期能几乎保持直线飞行的状态。这样既利于瞄准，也有利于提升射程——这种情形下射程几乎仅受空气阻力所限。当前的狙击步枪常常有 6 条膛线，能做到 2000 m 以上的有效射程，在 1000 m 左右能保证射击精度。炮管因为内径比较大，里面的膛线条数更多(图 3.7)。

图 3.7 某型火炮炮管里的膛线

3.9 陀螺与陀螺仪

关于刚体动力学理论的另一个关键（军事）应用在于陀螺（spinning top，peg-top）和陀螺仪（gyroscope）。任何形式的刚体，如果把注意力集中到它的转动行为上，这就可归结为陀螺问题。不规则陀螺的转动问题没有解析解。严格解析可解的陀螺问题目前只有欧拉陀螺、拉格朗日陀螺和科瓦列夫斯卡娅陀螺这三种情形。所谓的欧拉陀螺，是不受外力矩作用的、重心固定的陀螺，对其形状没有特别要求；拉格朗日陀螺是对称陀螺，重心在对称轴上，三个主转动惯量中的两个是相等的（这意味着陀螺的轮廓是个旋转曲面）；科瓦列夫斯卡娅陀螺则是特殊的对称陀螺，要求 $I_1 = I_2 = 2I_3$，重心在与对称轴垂直的平面内。1894年，李雅普诺夫（A. M. Lyapunov，1857—1918）证明这三种情形是仅有的对于任意初始条件运动方程的解可以显式表示为时间 t 的函数的情形。其实，这些是仅有的代数可解的情形。1948 年，非完整约束的 Goryachev-Chaplygin 陀螺（$I_1 = I_2 = 4I_3$，重心在赤道面内）也被证明是可解的。相关问题直至近年没有更多的进展。关于陀螺的运动，任何细节的阐述都超越了本书的范围，请读者参阅专门的刚体动力学文献。

基于陀螺的重要器件是陀螺仪，其工作原理就是高速旋转的物体角动量不易改变，从而具有标定方向的功能。简单地说，陀螺仪就是安装到两个（或者三个）万向节（gimbal）上的陀螺。图 3.8 所示的陀螺仪由一个轴对称的转子（spinning wheel，rotator）和三个万向节组成。转子为一个大质量的圆盘，一般用高密度、抗氧化的钨合金制成，由一个万向节加以自由支撑；万向节又由另一个万向节自由支撑，最外层的万向节固定到载具（车船、飞机、导弹、卫星等）上面，三个万向节的面内支撑轴(pivot axis)互相垂直。转子的质量很大,这意味着转动惯量很大,且一直在高速旋转(商用陀螺仪自转速度约为 20 000 rpm[①]),故而角动量非常大。当支撑陀螺仪的物体运动时,其很难通过万向节向转子施加可观的扭矩以改变转子的角动量,故而转子的转动轴方向不变。陀螺仪广泛地用于科学研究、空间探索以及军事装备中。导弹、鱼雷等武器装备陀螺仪实现制导以提高打击精度。对于在海面低空飞行的

图 3.8　由三个万向节和一个转子组成的陀螺仪

战斗机飞行员来说,陀螺仪更是不可或缺的,何为上、何为下不可以有丝毫的含糊。

　　陀螺仪是一类涉及转动的仪器的统称,除机械陀螺仪外还有静电陀螺仪、光纤光学陀螺仪,甚至有量子陀螺仪等。陀螺仪可以测量取向的微小改变,也可以用来测定转动,比如光纤光学陀螺仪就是利用光干涉来测量机械转动。感兴趣的读者请参阅专门文献。

3.10　结束语

　　经典力学中的质点运动学和刚体动力学是大学普通物理课的必修

[①]　rpm, revolution per minute 的缩写,即每分钟转数。

内容。由于未对矢量运算和张量运算的数学给予充分铺垫,容易学成一锅夹生饭。笔者自己作为物理系的学生,曾深刻体会到当初学习刚体转动的难度。现在想来,如果有足够的线的代数、矩阵与张量计算、四元数和微分方程的基础,经典力学(包括运动学和动力学)是可以学明白的,因为它已经进化成了数学严格的学问体系,具有无可指责的正确性。

运动学和动力学是理解各种武器装备之设计思路和服役行为的基础学问。如果说它是理工科人才和军迷的必备素养,谅也不算过分。经典力学是一门系统的基础科学,是产生了自己所需要的数学的那么一种学问。本章以经典力学在武器系统中的一些应用为线索给予了分立的、浅显的介绍,没有深入全面地探讨其在军事科技领域的应用,更不足以借此窥见经典力学的全貌。笔者不厌其烦地想要叮嘱的一句话就是,对于感兴趣的内容请参阅相关专著。所谓的专业,是广袤深厚背景上的格外突出。

参考文献

1. Robert L. McCoy, *Modern Exterior Ballistics*, Schiffer Publishing, Ltd. (2012).
2. Donald E. Carlucci, Sidney S. Jacobson, *Ballistics: Theory and Design of Guns and Ammunition*, Third Edition, CRC Press (2018).
3. William B. Heard, *Rigid Body Mechanics: Mathematics, Physics and Applications*, Wiley (2006).
4. R. A. Tenenbaum, *Fundamentals of Applied Dynamics*, Springer (2004).

第三章 力学与运动

5. T. R. Kane, D. A. Levinson, *Dynamics: Theory and Applications*, McGraw-Hill (1985).
6. Felix Klein, Arnold Sommerfeld, *Theorie des Kreisels*（陀螺理论）, 4 Bände（四卷）, Leipzig (1897—1910).
7. Ryspek Usubamatov, *Theory of Gyroscopic Effects for Rotating Objects: Gyroscopic Effects and Applications*, Springer (2020).
8. Harold Crabtree, *An Elementary Treatment of the Theory of Spinning Tops and Gyroscopic Motion*, Merchant Books (2007).
9. Mario N. Armenise, Caterina Ciminelli, Francesco Dell'Olio, Vittorio M. N. Passaro, *Advances in Gyroscope Technologies*, Springer (2011).
10. James B. Scarborough, *The Gyroscope Theory and Applications*, Interscience Publishers Inc. (1958).
11. Ryspek Usubamatov, *Theory of Gyroscopic Effects for Rotating Objects: Gyroscopic Effects and Applications*, Springer (2020).
12. Eugene L. Fleeman, *Missile Design Guide*, American Institute of Aeronautics and Astronautics (2022).

第四章
物质科学

> There are three states of matter but what state one is in that matters.
>
> —— Amit Abraham[①]

摘要 世界是物质的,应用视角下的物质即为材料。物质以气态、液态、固态和等离子体状态存在,对某些物质来说还有超临界态。不同形态的物质会表现出复杂多样的性质。经典意义下物质的性质更多地取决于电子结构而非原子结构,近些年出现的超结构材料其性质则更多地取决于结构单元的几何及空间构型。物质科学是理解材料性质的基础,军事需求是对材料性质开发利用的关键驱动因素。

关键词 气体,液体(流体),固体,等离子体,结构,相变,超结构材料,量子物质

---

① 物质(matter)有三种状态,但具体在哪态才是关键(that matters)。—— 阿密特·亚伯拉罕

4.1 物质的形态

我们生活在物质世界中。物质的性质,不只是取决于其化学成分,而是还取决于其所处的物态;就固态物质而言,还取决于具体的微结构。粗略言之,物质的形态包括固态、液态、气态和等离子体态。物质的形态,就固态、液态、气态这部分而言,笔者曾指出可以用其分子(或原子、或离子实)迁移的特征距离 Δx 来粗略表征。若 $\Delta x = L$,L 是可及空间的尺度,这是气体,意思是气体总是充满可及的空间。若 $\Delta x \approx d$,d 是平均分子间距,这是液体,其具有可见的流动性。若 $\Delta x \ll d$,d 是原子间距,这是固体,其具有一定的刚性,在可观的时间范围内原子相对占位稳定。物质的形态,就固态、液态、气态这部分而言,是温度和压力的函数。在温度—压力空间中标出特定区域对应的物质的形态,即为相图(图 4.1)。相图包含由一些曲线分隔开的区域,每一个区域对应一种物相,那曲线就是相的边界。越过相边界的行为,即为相变。相边界的方程即是克拉珀龙(Benoît Paul Émile Clapeyron, 1799—1864)方程,

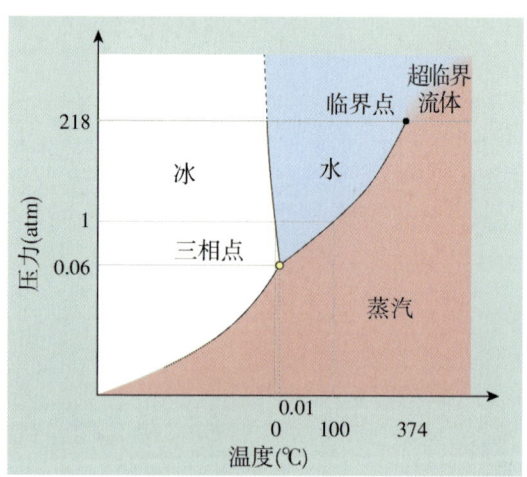

图 4.1 水的温度—压力相图

第四章 物质科学

$$\frac{dp}{dT} = \frac{\Delta S}{\Delta V}, \tag{4.1}$$

意思是说相边界线上每一点切线的斜率 dp/dT 等于两相的熵差 ΔS 与体积差 ΔV 之比,为热力学基本方程之一。你把物理图像弄清楚(两相的边界走向当然由双方的物理量之差决定),把量纲安排正确,这个方程可以随手写出来。仔细端详物质的相图,你会理解从前国家间的自然疆域是怎么演化的。国家疆界演化是战争的原因和结果,背后也是由动力学过程决定的。

从我们熟悉的水很容易认识物质的性质随结构的变化有多么大的空间。图 4.1 是水的相图。大致说来,高压一侧倾向于固态(冰),高温一侧倾向于气态(水蒸气),温度—压力皆足够高的区域为液体。三条边界线交于一点,为三相点(0.06 atm., 0.01 ℃),意思是在密封的试管中装**半满**的水,当看到水—冰共存时,那里面的温度是 0.01 ℃,水蒸气的压强是 0.06 atm.。液态—气态的边界线在高温—高压一端(218 atm., 374.1 ℃)戛然而止,其外侧的水处于超临界态。处于超临界态的物质既是气体,总是充满可及的空间;又是液体,具有溶解性。超临界水还有高氧化性,能够轻松腐蚀很多物质。液体的水,其微结构复杂,使得水的性质相比于其他液体都是反常的,比如大家耳熟能详的水的热缩冷胀现象。至于固体水,如今已确定了 16 种不同晶相,此外还有各种非晶相,低温固态水变化过程中也会出现液态。在大自然中,还能见到冰、雪、软雹、霜、雾凇等不同固体形态。水的物质形态太复杂,深刻地影响着地球上的生命行为。愚以为中国的二十四节气实际上谈论的是不同时节水的形态[①],谷雨、雨水、白露、寒露、霜降、小雪、

---

① 节气是老祖宗给我们留下的科学、智慧,或者说就是观测数据、现象描述和规律总结,而不是虚头巴脑的文化。

大雪这些节气名都是在非常直白地言说水的不同形态。

战争的现实基础是物质。欲战,须有武备——建立在先进物质科学基础上的、具有高技术含量的武备。物质科学是一门综合性科学,以数学、物理、化学、生物学为基础的综合学科。物质、材料是同源词,关注对象本身时,那是物质(matter);关注应用时,那就是材料(material)。材料科学对社会发展的意义不言自明,因此发达国家的一个标志是其材料科学的水平和对材料科学的重视。与一般民用不同,军事应用对材料的要求会更高,比如要承受更大范围的温度变化、更强的冲击等。举例来说,一般民用电子产品使用硅基半导体器件,而军用大功率设备可能会用碳化硅基半导体器件。碳化硅在约 2700 ℃ 时才开始升华(取决于具体的晶体结构),而硅的熔点在 1410 ℃,显然用前者制成的器件能够抗更高的环境温度。再举一例。光纤是重要的通讯[①] 器材。一般民用入户的光纤,其使用状态都是静态的,然而若用于地面有线反坦克导弹(比如红箭-10)的制导,则光纤不仅要更轻,还对强度有很高的要求,因为光纤会悬空被导弹高速拖拽到公里级以外的距离。

理解物质(材料)及物质(材料)科学对战争的意义,可从理解物质的形态开始。也许不是巧合,能源材料也是三种形态都有,包括天然气与氢气这样的气体,石油与可燃冰这样的流体,以及煤炭与铀矿石这样的固体。

---

① 笔者倾向于使用"通讯"而非"通信"作为 communication 一词的汉译。讯字"形声、从言",贴近各种 communication 技术应用场景,而信字"从人、从言",其意义已多有转化且转义更常用,比如见于守信、信心、诚信、信托等词语中的"信"字都不是指单纯的物理存在。使用"通信"一词时,其和动词 communicate 的意思也多有不符。

4.2 气体

地球存在大气层(和液态水保持平衡必然要求气态包裹的存在),这是地球的独特之处。气体最早为人类所认识,古老文明会把气当作构成世界的元素之一。大气提供了最初的人类借以认识物理的对象兼工具。摄氏温度就是以大气压下的冰—水混合物和水—蒸汽混合物为温度的参照点,分别定为 0 ℃ 和 100 ℃,然后将空气体积随温度升高的膨胀加以均匀划分而标定的。1 ℃ 对应的空气体积相对变化 $\frac{\Delta V}{V} \approx 1/273$。

气体最显著的特点是总要充满可及的空间。将一团特定的气体导入一个密闭空间,只要这个空间里已有的气体压力不是太大,新导入的气体也总是充满整个空间。具有一定动能的气体充满空间,且如果空间的部分边界是活动的话,冲入的气体会顶着活动部分向外扩展空间的体积。体积膨胀可以用来推动外物做功,热机就是利用这个原理,体现在热力学主方程

$$dU = TdS - pdV \qquad (4.2)$$

中的 $-pdV$ 一项。最初的热机使用的工质是水。水在常压下被加热到 100 ℃ 变成蒸汽时,体积膨胀约为 1800 倍。热机开启了第一次工业革命,蒸汽机驱动的轮船、火车和织布机的应用标志着人类进入工业社会。

气体总要充满可及的空间,为了保存气体,就要有密封技术。把气体安全保存且能做到向内向外都没有泄漏,可不是一件容易的事儿。储气罐、气体传输管道是反映一个国家工业水平的标志性物品。密闭的体系构成了一个近似的物理学原型体系:闭合体系。一个闭合的理想气体体系,有状态方程

$$pV = nRT, \qquad (4.3)$$

其中 p 是压强，V 是体积，T 是绝对温度，n 表示气体量的多少，R 是气体常数可以不管。从公式中压强、体积、温度、气体量之间的关系就能理解很多道理。一定量的气体，空间体积变化不大，若温度大升，必然导致大的压强，甚至会冲破壁的约束（高压锅就是这么爆的）；给定温度下，空间体积变化不大，若不断增加气体的量，必然导致大的压强，甚至会冲破壁的约束（气球就是这么爆的）；给定量的气体，温度一定，压缩其空间，必然会在其中产生大的对抗压缩行为的压强。这后一点，除了曾用于制造气枪（始于 1430 年，射程也能达到 200 米），对于理解国家间的大尺度博弈或者小尺度上的围城，也都具有启发意义。《孙子兵法》云"围师必阙"，即对于围住的敌军要给开个小口子（那就不是一个闭合系统了），始终给一小部分敌人逃生的机会（虚留生路），这样就能瓦解其士气，使其放弃顽强抵抗（建立不起大的压强）。我国历史上的军事将领一般都懂得这个浅显的道理。二战中德军对苏联发动的几大战役中，似乎见不到这个策略的运用，也许当时的德军太过迷信自己的实力了吧。

密闭空间里的气体，充满空间，且以不同的速度随机地撞击器壁，这就是器壁感受到压力（压强）的原因。气体分子的运动速度朝向各个可能的方向。关于理想气体，粒子速率落在 $v \to v + \mathrm{d}v$ 区间的概率为

$$f(v)\,\mathrm{d}^3 v = \left(\frac{m}{2\pi kT}\right)^{3/2} \mathrm{e}^{-mv^2/2kT} \mathrm{d}^3 v, \qquad (4.4)$$

其中 m 是分子质量，k 是玻尔兹曼常数，而 T 是气体温度。这就是著名的麦克斯韦分布，是统计物理的出发点。假设分子和器壁的碰撞是弹性碰撞，由麦克斯韦分布可以计算得出压强如方程（4.3）所示。若气

第四章 物质科学

体压强足够大,冲破容器的壁,或者是故意被打开一个缺口被放出来,就会造成爆炸(blast)。同一种物质,液态和固态的比体积(specific volume)差不多,而气体的比体积则要大得多。当物体由液态或者固态变成气体时,一个最直观的后果是物质要扩张体积去占据更大的空间。将固体、液体迅速变成气体以引起爆炸,这就是各种炸药的物理原理。最原始的火药,是我国古代摸索出来的一硝二磺三木炭混合物,按照一斤(十六两)重的火硝对二两重的硫磺、三两重的木炭的比例,各制成粉末后混合而成。将火药点燃,会发生爆炸,写成现代的反应方程式为

$$2KNO_3 + S + 3C \rightarrow N_2 + K_2S + 3CO_2 \text{。} \tag{4.5}$$

反应产物中有摩尔比1∶3的氮气和二氧化碳,更重要的这是一个放热反应,故而气体被加热有极大的压强。新式炸药的威力更大,但一样依据两条原理:1)反应物主要为气体;2)放热反应。反应热在有限空间内将气体加热,引起爆炸。其实还要加一条。因为炸药爆炸的环境一般不是密闭的,气体的产生和加热要足够快,因此高爆炸药爆炸时的化学反应要有快的反应速率(千分之一秒,甚至有短至百万分之一秒的说法)。与爆炸相对,如果高温高压气体被可控地定向释放,表现为定向高速气流,则根据动量守恒,释放高速气流的物体会获得反冲动量而被持续加速。火箭利用的就是这个原理。

气体尽可能占据可及的空间这个特点,使得空气成为战争中的一个重要因素。爆炸加热、扰动气体,气体四散开来就会造成破坏。当扰动速度超过声速时,会产生冲击波(见第六章)。此外,空气中含有21%(体积比)的氧气,呼吸氧气是大型动物的生命基础。空气的主体是78%(体积比)的氮气,而氮气(分子形式)是惰性的,对动物是窒息性的,故而其在德语中的名称就是Stickstoff(窒息性物质,日语翻译为

窒素)。当前有一些武器,比如云爆弹、温压弹等,能通过在局部大量消耗氧气从而造成对人员的杀伤。云爆弹、温压弹的主装药为富含燃料的高爆炸药,必要时还有延长反应时间的设计(几分钟量级),在局促空间里可实现有效杀伤。

气体尽可能占据可及的空间的特点使得毒气战成为可能。1915年4月22日,在伊普雷战役中,德军在6公里宽的前沿阵地上施放了180吨氯气[①],氯气借着风势沿地面冲向英法阵地(氯气比空气重,故沉在下层,沿着地面移动),这是战争史上第一次大规模使用杀伤性毒剂。1993年,联合国通过了《禁止化学武器公约》。

地球周围包裹着的大气非常稀薄,飞鸟、蝴蝶可轻松地飞越高山大河,这刺激了人类飞行的愿望。人类先是用风筝和气球尝试,后来有了飞机,使得空中旅行和空战成了常态;再后来有了火箭,能够飞到外太空。飞行,是对空间维度的超越。不会飞行的人类,只能紧贴着地球表面这个二维闭合曲面上生活,有了飞行,空间固有的三维结构才对人类(的活动)有了意义。有一段时间,空军对没有防空武器的陆军构成了降维打击。空气中的物体如何飞行的问题,因为其军事价值而得到了充分研究。空气动力学(aerodynamics),与之相关的还有水动力学(hydrodynamic,此领域被扩展成了一般意义上的流体动力学,另有fluid dynamics的说法),是最富挑战性也是成果最丰硕的理工科专业(请参阅相关章节以及专业文献)。

地球表面的大气密度,在常温常压下约为 1.293 kg/m^3。如果物体的平均体密度低于这个值,就可以因为空气的浮力而飘浮在空中。常

---

① 相关数据偏差较大,仅供参考。

第四章 物质科学

温常压下氢气的密度仅为 0.0899 kg/m³,远比空气要小。气球制成于 1782 年。充氢气的气球可以升入高空测量气象条件,也可以飞临敌方上空进行侦察。1800 年,拿破仑的科学顾问指出气球可以用于侦察敌军,甚至可以用于投掷炸弹。侦察气球现在依然在用。此外,历史上曾经有用充氢气的大型飞艇(Luftshiff)作为交通工具的,但因为氢气易燃(充氢气的"兴登堡"号飞艇于 1937 年烧毁),后来就退出舞台了。

地球的大气层不是均匀、静态的,受地球引力、地球自转、太阳相对位置变化引起的照射条件变化以及月球相对位置变化引起的潮汐力等因素的影响,大气一直处于剧烈的运动中。大气的剧烈运动可以裹挟物体被动地长途飞行,许多主动飞行的鸟类还掌握了御风飞行(滑翔)的本领,一些植物,比如元宝枫,其种子也长有翅膀以利飞行。受这些现象的启发,人类终于制造出了各种滑翔、飞翔的器械,并将之用于战争(图 4.2)。在大气层中飞行,有动力以保障正确的速度是首要前提,次之者为飞行器的几何,好的气动外形能获得优良的气动性能,包括足够的气动升力(aerodynamic lift)、低阻力、高机动性以及平衡性等。传说在明朝,我国有名为万户的木匠坐在绑有 47 支火箭的椅子上手举风筝欲飞天,这个梗后来出现在电影《功夫熊猫》中。

图 4.2 (左图)会飞的枫树种子;(右图)歼-20 战斗机

在常温(300 K)下，海平面上的气压为 76 cm 高水银柱。越往高处气压越低，这个现象是帕斯卡(Blaise Pascal，1623—1662)首先想到的。当然，在地球的不同位置上，而且根据气温的不同，大气压(大气密度)随高度的变化是不同的。大致说来，75% 的大气质量集中在 11 km 的高度以下，在 5.6 km 的高度上气压减半。大气密度不同，自然其流动行为不同。对流层高度上限约在 12 km，平流层可达 50 km。由于导弹和火箭要穿越大气密度跨度较大的区域，因此对大气的分布和大气对飞行物体的阻力特征要做到心中有数。大气层并没有严格的边界，一般把卡门线(高度 100 km)以外称为外太空。其实，因为速度太快，飞行器再入大气层时(在 120 km 的高度上)大气效应就已变得明显了。如何利用好大气的物理性质也是一门艰深的学问，是军事和航天领域关切的课题。

飞行器从外部朝着大地方向飞行，遭遇大气密度不断增加的局面，会出现跳滑(skip-glide)，就是俗称的"打水漂"。向高空射出去的箭(arrow)因为其中段是在稀薄空气中飞行的，反而射程很远。当一个抛体在高空的飞行速度够快(超音速)，且角度合适时，会遭遇气动升力，这样就能延长其飞行时间，也就延长了射程。不过，由于具体的飞行轨道不好计算，这个现象一直也未得到重视。1939 年，有人建议给火箭装上边翼以便将速度和高度转换为气动升力。1941 年，奥地利工程师桑厄(Eugen Sänger，1905—1964)正式建议利用飞行器的翼来产生气动升力，将之拉升至新的弹道轨道，而飞出(高密度)大气层然后再入还让飞行器赢得了降温的机会。第二次世界大战后，随着其他技术尤其是飞行姿态控制技术的进步，这种飞出—再入大气层的轨道，即推进—滑翔轨道(boost-glide trajectory),逐步得以实现。采用推进—滑翔轨道,利用高空大气中的气动升力以实现(多次)跳滑,可以极大地延伸再入飞行器的飞行距离[①]。目前已有我国的一些型号的导弹(如超高音速导弹 DF-17)采用这种推进—滑翔轨道的公开报道,中文称这种轨道为钱学森(1911—2009)弹道(图 4.3)。这种推进—滑翔轨道现在也被用于航天器的回收。若航天器直接朝向地面再入,由于以相当大的速度进入稠密大气层,气动加热会造成麻烦。利用推进—滑翔轨道让飞行器在高空气体稀薄的空间里打几次水漂将速度降下来,然后再进入低空的稠密大气,就能有效减弱气动加热效果,避免航天器烧毁。我国的"嫦娥五号 T1"返回舱回收时就采用了这种"打水漂"回收方式,其第一次进入大气对应的地面地点离最终的回收位置达两万公里。

 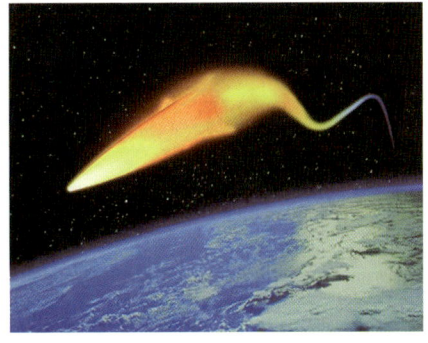

图 4.3 (左图)钱学森先生在讲解推进—滑翔轨道;(右图)DF-17 弹道示意图

研究飞行物体的气动行为时,人们习惯用的模型是物体周围都是空气,可用无限空间来近似。这在绝大多数情形下都是正确的,因为毕

---

① range,对于导弹、炮弹等用"射程"一词。

竟飞行物体的尺寸相对于以其高度为特征尺寸的空间是个小物体。然而,就飞机而言,它毕竟是从地面起飞又必须回到地面的物体。由此,在地面(水面)附近的气动行为有特殊对待的必要。在距离地面(水面)很近的空间里,获得升力更显容易,由此人们开发出了专门用于在近地面(水面)飞行的飞行器:地效飞行器(图4.4)。

图4.4 地效飞行器

4.3 液体

液体是具有流动性的凝聚体,这是一个独特的性质。这让液体哪怕是在松散的固体环境中也可以大块聚集从而形成矿(个人认为,煤矿形成于植物作为固体形态的炭化过程是错误的,没有那么大体量的植物。煤矿形成过程中必有一个液体聚集的过程),这是地球上有大型水矿和油矿的原因,且因为水有更大的流动性故而更容易形成大的矿床[①]。在

---

① 当年我读矿物学,知道水是第一大矿,也是非常惊讶。

第四章 物质科学

古代战争中,兵马未动,粮草先行,而在今天的现代战争中,油料储备恐怕是最重要的因素。此外,水是生存和发展需要的重要物质。水是生命之源。大型动物种群内和种群之间的战争多是围绕水源争夺进行的。在非洲草原上,水塘边从来都是杀戮场。水的争夺未来会是人类战争的最直接原因,当前已有多国因为水源争夺在大打出手。

地球表面的 70% 被水覆盖,故而人类对以水为代表的液体的行为非常熟悉。水虽然不像气体那样充满可及的空间,但它具有流动性,故而液体若没有恰当的约束,就会流动起来,会泄漏。流水会被用作武器,据说三国时就有"水淹七军"的战例。水还启发人们关于军事理论的思考。"夫兵形象水,水之形,避高而趋下,兵之形,避实而击虚。水因地而制流,兵因敌而制胜。故兵无常势,水无常形,能因敌变化而取胜者,谓之神。"这可以说是对液体流动性的充分认识了。水还有一个重要特征是对电磁波表现出几乎全波段的强烈吸收,这让水下航行的物体很难被侦测到。对(核)鱼雷之类的水下攻击武器进行早期预警、拦截几乎是不可能的。当通过电磁波,或者针对其激起的水波,探测到有鱼雷来袭时,距离已经太近了。近日有报道称,我国已公开了跨介质(气体—液体)反舰导弹的概念。该型导弹设计速度为 2.5 倍音速,在万米左右高空飞行,距离目标 20 千米左右时会落入水中变成鱼雷模式。2022 年底,我国还公开展示了跨介质无人机。

开放空间里,液体要和其气相分压平衡时才是稳定的。如果其气相成分被不停带走则液体就会被蒸发,比如风吹走水蒸气就会把水蒸发掉。在液体部分充满的密闭空间里,未被液体占据的空间就会充满一定压强的该种液体的蒸气。这个事实对于考虑油箱、油库的安全时非常重要。易燃的液体之上因液体消耗多出来的空间要排除在燃油可及之外，这可以通过柔性容器的设计来实现。设想油箱内真正盛油的部分为柔性橡胶制成，油料抽出后橡胶容器就收缩，始终仅仅裹着液体部分，这样就不给油料蒸气生成的空间。油料蒸气由小颗粒构成，自发分散开来充满可及的空间，就能和助燃气体充分混合，有大的接触面积，利于燃烧。这也是液体燃料都有一个汽化（雾化）过程的道理。液体火箭的燃料目前有偏二甲肼/四氧化二氮、煤油/液氧、甲烷/液氧、液氢/液氧等几种组合。液体汽化后燃烧过程容易控制，故而液体火箭的推力可调，可灵活关机和启动。此外，液体提供了特殊的战场（见第六章），需要特殊的武器设计，比如蛙人部队使用的水下步枪枪弹就格外细长，甚至有专门的用于流体中的冲压火箭的说法。

　　液体具有流动性，其中的压力也是各向同性的。密闭的液体可以将压强传递到液体所在的任何地方、任何方向上。帕斯卡于 1653 年得出了关于液体压强的帕斯卡定律，也叫液压传递原理（the principle of transmission of fluid-pressure），即不可压缩液体局域压强的变化可以传递到各处。由此容易理解，深水炸弹的破坏力极强（炸弹还会引起水的汽化，故而水中的爆炸行为与空气中的爆炸行为完全不同）。基于液压传递原理，人类制造出了液压机，使得大型工件的锻造成为可能。当然不只是用于锻造，液压传递还可用于制作各种传动结构。关于流体静压力问题，帕斯卡认识到，开放容器中的静止液体，其在液体中所产生的压强只和距离液面的高度差有关，而与液体容器的形状无关。深水炸弹（depth charge）就充分利用了液体，具体地说是水的这两个特性。深水炸弹的水压引信只要能接触到水，朝向哪里、是否隐藏都没有

第四章 物质科学

关系,水压超过阈值就能触发引起爆炸。此外,由于水压严格单调地同水深成正比,故而可以调节引信的阈值以针对特定深度的目标。在反潜时,如果目的不是摧毁而是警告,精确把握攻击深度就显得特别重要了。深水炸弹还有多种其他触发方式。

在一些场合,液体的流动性是缺点,比如不利于运输、堆放,需要被克服。1847年,硝化甘油被发现是一种高爆炸药。硝化甘油的熔点为13 ℃,一般条件下都是液体,不易使用,还不稳定容易自爆。1867年,诺贝尔(Alfred Nobel,1833—1896)将硅藻土同硝化甘油混合成固体,后来又用硝基纤维素取代硅藻土,从而获得了安全、稳定、易存放的炸药。诺贝尔辞世后将他的遗产捐出来设立了诺贝尔奖,故而诺贝尔奖也被调侃为"炸药奖"。

液体相较于固体是高能态(高温态)。高温金属射流蕴含大量的能量,就可以当作武器。破甲弹就是用聚能炸药爆炸制备的金属(铜)的高温射流实现击穿装甲的。

就体积压缩率而言,液体远小于气体但是远大于固体。液体可观的体积压缩和非弹性(耗散)的特点,让其可以用于航母上的舰载机拦阻设施。将主液压缸里的油挤压进蓄能器(压缩那里的空气产生更大阻尼),从而给飞机减速。

液体依其由流动引起的黏性应力(viscous stress)对形变率(strain rate)①的依赖关系,可简单地分为牛顿流体和非牛顿流体。牛顿流体的黏性应力同形变率呈线性关系,与此相对的是非牛顿流体。有些黏

---

① strain rate,一般汉译"形变速率",总觉得会引起误解,因为它应是剪切方向上的速度对其垂直方向上的位移的导数。

稠液体的剪切行为接近固体。若某种液体也能表现出固体行为，在需要时迅速变成固体，那会有特殊的用途。有一类非牛顿流体，剪切变稠流体（shear thickening fluid），黏度会随着剪切率非线性地改变，在剪切率很大的时候会表现出高的强度（剪切应力），可以用来制作防弹衣，因为子弹的速度足够快（马赫数达到或超过1）。由于不加外力时材料还是柔性的，因此这种防弹衣穿着更加舒适。还有一类电流变液（electrorheological fluid），是绝缘液体和介电颗粒混合制成的一种特殊流体（图4.5），在外加电场下会在毫秒量级的时间内变为固体，且力学性能可调，这让其具有非常多的应用场景，比如作为车辆与武器系统的减震装置和制动装置、制成夹板用于伤员救护等。

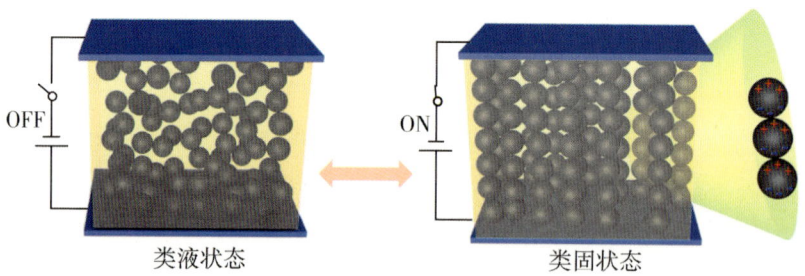

图4.5 电流变液。介电颗粒在电场下有序凝聚，让材料瞬间整体上变成固体

4.4 固体

与气体、液体不同，固体具有一定的刚性，可用于制作各种工具、器材，自然也被用来制作武器。固体是军用材料的主体。相较于液体，固体物理的研究更充分，结论也更显详实。固体所有的性质，包括力学性质、电磁学性质、光学性质、热力学性质，以及这些性质对物质的原子结构与电子结构的依赖关系，还有针对需求的人工材料设计，都得到了充

分的研究。如下仅从军事应用的角度简单介绍几句,感兴趣的读者,请就你关切的任何主题参阅相关专业文献。

固体相对于气体和液体的最明显特点是结构紧致,不具有流动性。将食物加工成高度压缩的固体形式,就节约空间、易于携带,故而有军用压缩干粮一说。火箭推进剂有固体和液体两种选择。将固体推进剂用于火箭和导弹发动机具有多方面的优势,比如质量密度大故而能实现高能化,不具有流动性故而容易装载、容易处理。

从力学性质来看,固体有一定的刚度,不易变形,故能制作各种工具。以前的装甲,现在时髦的机甲、外骨骼,用到的都是固体。材料的力学性质复杂多样且变化范围很大,一般研究或阐述会针对关于一类特殊对象的力学性质,比如研究金属的力学性质、高分子材料的力学性质、陶瓷的力学性质等。材料的力学性质大多是 2-阶甚至更高阶的张量,时常提及的概念,包括弹性、塑性、韧性、黏弹性、韧性、硬度等,多是简化或者工程概念。就材料作为装甲或者攻击武器(比如各类动能弹)使用而言,硬度是个重要概念。硬度是材料抗塑性形变的能力,单位可与压强相同。材料硬度会依据不同的测量方式而被贴上不同的标签,包括划痕硬度、压痕硬度和回弹硬度,也相应地有不同的标度。举例来说,维氏硬度是一种压痕硬度,测量使用的是正四棱锥形金刚石压头。金刚石是最硬的材料,但金刚石脆,抗摩擦不抗冲击。韧性表示材料在塑性变形和破裂过程中吸收能量的能力,单位为 J/m^3。冲击实验中得到的冲击韧性用到的单位为 J/m^2。钨、铀都是硬金属,也有足够的韧性,是弹头的首选材料。就拉伸性能而言,涉及的是材料的弹性和韧性。固体被拉伸时所表现的应力—应变行为,整体上都先是应变大意味着加载了大的应力,释放应力后能恢复原状,这是弹性行为;接着是应变大意味着加载了大的应力,但释放应力后不能恢复原状,这是塑性行为;然后是应变更大但需要加载的应力反而下降了,这时候材料就屈服了,这个过程直至材料断裂为止。材料在弹性范围内会表现出弹性(这是材料本征的性质),用线材制作的弹簧表现出更大的弹性(取决于材料的本征性质和几何)。弹簧可以大范围内压缩而块材料则很难压缩。弹性范围内,弹簧的形变与负载的关系为

$$F = -kx, \qquad (4.6)$$

其中 k 是弹性系数。若弹簧长度改变为 x,则其中积聚的势能为 $\frac{1}{2}kx^2$。其他形式的弹性体也可作如是看,虽然形变与所积蓄的势能之间的关系不是如此简单的函数关系。弹簧的弹性势能可以用于产生弹射、撞击等效果。各种枪炮里面都会用到弹簧(图4.6),用于击发子弹、弹出弹壳、减震等。

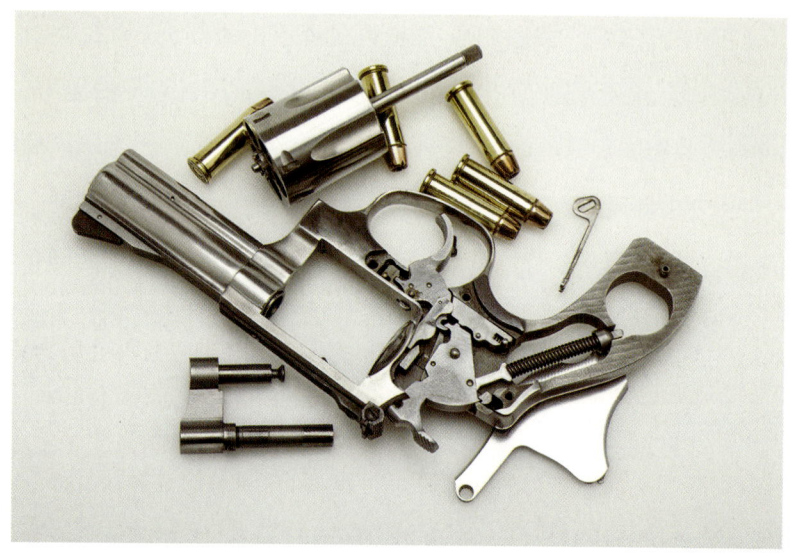

图4.6 枪的结构各有不同,但弹簧是不可或缺的

具有足够刚度的金属如钢铁、钨、钼、锰合金等常常具有大的比重。举例来说,铁的比重为7.87 g/cm³,也即一立方米的铁几乎重达八吨。用这类材料制作的车辆、飞机,其自重实在是个负担。作为替代,铝合金(杂质有镁、铜、锰等)的密度约为2.63—2.85 g/cm³,有较高的强度(抗拉强度为110—650 MPa);镁合金(杂质有铝、锌、锰等)的密度约为1.8 g/cm³,强度都足以用作航空材料。问题的关键是,要找到合适的组分以及冶炼工艺,得到预期的材料特性如硬度、韧度、抗腐蚀能力等。作为金属材料减重的另一个策略是使用金属泡沫材料(图4.7)。

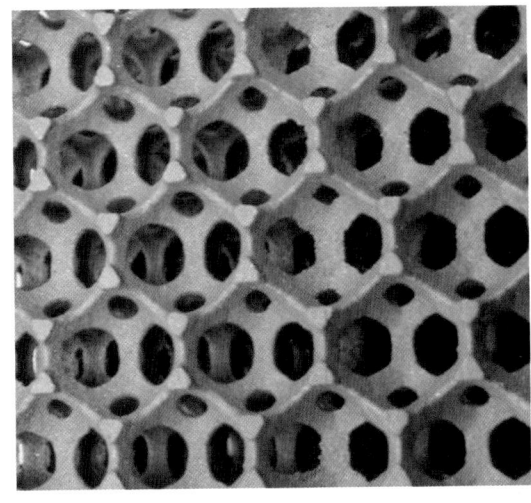

图4.7 闭孔泡沫铝材

向熔融金属中注入气体,或者加入发泡剂,可获得具有一定空隙的金属泡沫。用粉末冶金的方法容易获得联孔的金属泡沫,也叫金属海绵。将高熔点的金属球壳加入熔融金属母体中可获得复合金属泡沫。在已有的泡沫铝材中,孔隙体积占比可达5%—25%。由于空隙的存在,金属泡沫除了自重减小了以外,还具有导热差、隔音、抗冲击等特点,在大致保证能维持金属母体的力学性能如硬度、韧性的前提下,泡沫金属无疑地更适合制作各种车辆、航空器材。目前已有金属泡沫装甲投入使用。

就导电性质而言,从前固体会被分为导体和绝缘体。在19世纪二三十年代,人们注意到一些物质如硫化银的电导率随温度升高而增加,不过在1910年就有了半导体(Halbleiter)一词。20世纪初诞生了量子力学,其中1926年薛定谔(Erwin Schrödinger, 1887—1961)方程

$$i\hbar\partial_t\Psi = H\Psi \tag{4.7}$$

的出现为重要的标志性事件,式中H是哈密顿算符,Ψ是(电子的)波函数。将薛定谔方程应用于晶体物质,即势能满足平移对称性,

$$V(r) = V(r + n_1\boldsymbol{a}_1 + n_2\boldsymbol{a}_2 + n_2\boldsymbol{a}_2), \tag{4.8}$$

其中n_1, n_2, n_3都是整数,在20世纪30年代发展出了能带理论,从而让人们理解了为什么物质可根据导电行为分为绝缘体和导体,而半导体的母体属于绝缘体。有了半导体的概念,接下来就有了各种半导体器件和庞大的半导体工业。整个人类社会的方方面面都因此发生了革命性的改变。军事行为自然也因半导体的应用换上了新面貌,难以想象没有半导体器件的高精尖武器。在2022年春爆发的军事冲突中,前线的士兵甚至边打仗边直播,这种事情在实际发生之前没有任何人预见过。

所谓的能带结构,粗略说来,就是物体对共享电子所允许的状态的色散关系,即能量同动量(或波矢)之间的关系$E = E(\boldsymbol{k})$。一般来说,关系$E = E(\boldsymbol{k})$在能量方向上看会是一个一个的连续区域,称为能带(energy band),中间有些空白,称为带隙(band gap, E_g)。如果能带一个一个都是用能隙分开的,原则上在绝对零度下能带要么是被全占满的,要么是全空的。对应这种能带结构的材料是绝缘体。如果最高占据

态所在的能级落在两个交叠能带的范围内,则这个交叠的能带看起来是"半"满的(图4.8)。对应这种能带结构的材料是导体。金、银、铜以及水银都是良导体,是容易从大自然中获得的金属(西文 metal 其实是矿场的意思)。能带理论是固体物理学的一个重要成就。对于绝缘体,如果带隙不是很大,比如硅的带隙为 1.12 eV,锗的带隙为 0.661 eV[①],这样的材料就是半导体。其实,这样的定义没有绝对意义,带隙高达 5.5 eV 的金刚石在某些场合也被当作半导体。纯半导体材料可以通过热激发获得导电能力,通过合适掺杂(doping)的半导体可以获得两种载流子(记为 n-型和 p-型),比如硼掺杂的硅是 p-型半导体,磷掺杂的硅是 n-型半导体,电阻率可以在多个数量级的动态范围内调节。利用存在两类半导体的事实,可以制作二极管和三极管等各种电子学器件,在此基础上制备出大规模集成电路,此外还有各种光电子学器件,从而让世界进入了信息化时代。而战争,也不可避免地随之进入了信息战的时代。信息技术落后的一方在今天的战场上毫无还手之力。

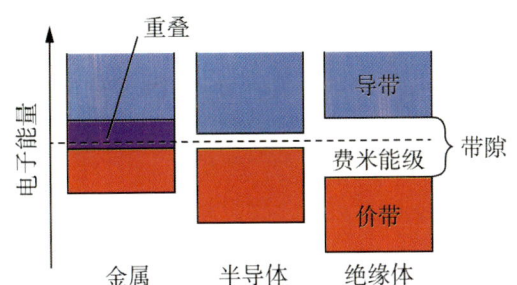

图 4.8 简化的能带图

固体的导电行为还表现出了超导电性。一些材料在低于某个临界温度下其电阻率会突然变为零,这称为超导现象,于 1908 年被首次发

---

① 各种来源数值稍有差别。

现。超导体的一个重要特征是迈斯纳效应,此效应于1933年被发现,即超导体在进入超导态后表现出完全抗磁性,将磁场排斥在超导体之外。1962年,弱连接的两个超导体上的奇异电流—电压关系,即约瑟夫森效应,从数学的角度被预言,并接连被实验证实。在未加电场的情形下,借助隧穿效应可以在绝缘体隔开的两超导体间建立起一个直流电流,此为直流约瑟夫森效应;在结上加一电压,会引起交流电,频率正比于电压,故这个结可以用于电压—频率转换(频率容易计数,故这个效应提供了一个电压的频率标准),此为交流约瑟夫森效应;用一定频率的微波照射结,在其上可以建立起一个电压,此为反交流约瑟夫森效应。超导体的诸多物理效应为超导体带来了很多独特的、有价值的应用,自然也用于军事目的。比如,超导体可以负载电流,可以产生和维持强磁场,可以用于电磁武器;超导微波器件可以用作雷达发射器;超导器件可以探测微弱磁场,故而可以用于探雷和反潜,等等。

点群为222,4,422,42m,32,6,622,62m,23,43m的这十类没有反演对称性的晶体,以及一些陶瓷,可能会表现出压电性(piezoelectricity),即施加应力会在表面产生电荷积聚。这是一个可逆的过程,对这样的固体施加一个电场会反过来产生形变。压电现象于1880年由雅克·居里(Jacques Curie,1855—1941)发现。对压电材料施加机械应力,其电偶极矩会发生变化,表现为表面电荷密度的变化。用公式表示,可写成

$$D = \delta T + \varepsilon E, \quad (4.9\mathrm{a})$$

或者写成张量形式

$$D_i = \delta_i^{jk} T_{jk} + \varepsilon_i^j E_j, \quad (4.9\mathrm{b})$$

也就是电位移 D 除了电场的贡献以外,还有来自应力张量 T 的贡献,

其中系数 δ_i^{jk} 是压电张量。石英、钛酸钡、钛酸铅、铌酸锂等是典型的压电材料。压电材料既可以用于制作打火机,也可以用于火箭弹的触发。火箭弹的前端装有一块压电陶瓷。当火箭弹的前端侵入目标时自然会产生大的应力,压电陶瓷因此产生一个高电压脉冲,触发炸药后面的电引信,引爆战斗部的高爆装药。

固体物质可以颗粒形式或者絮状物用于军事目的。电是当今人类社会的血液,停电的社会立马宕机。摧毁对方的供电电路和各种电力、电子设备也是当前确实存在的一种战争手段。大当量核武器爆炸引起的电磁脉冲都足以摧毁雷达和城市电力系统。据信有石墨炸弹这种武器,即在低空依靠炸药爆炸将石墨颗粒或絮状物散播出来的一种炸弹。利用的原理就是导电的石墨容易造成电路短路,传输大电流的电路一旦短路就会烧毁。实际上,不导电的颗粒粉尘也一样是危险,面粉颗粒因为摩擦带电也会发生爆炸。在自然界,合适的气象条件下上升的暖湿水蒸气和下落的软雹摩擦会让云彩带电,产生雷电(具体机理不详)。雷电的威力可不是人工爆炸物能比拟的。

固体的可应用性能太多,哪怕是专门应用于军事目的的部分也难以一一介绍,敬请读者就关切的问题展开专门研究。顺便提一句,固体物理学,以及那些作为固体物理学基础的数学如空间群理论等,应该作为相关专业的必修课。

4.5 等离子体

汉语的等离子体是对 plasma 一词的翻译。其实 plasma 是个应用很宽泛的概念,比如 quark-gluon plasma(夸克—胶子 plasma),nonneutral plasma(非电中性 plasma),这些都不能按照等离子体理解。为了保证一点儿严谨性,此处讨论仅限于一类特殊的 plasma,即气体放电(gas discharge)。将气体置于足够强的电场下,气体被击穿,就能发生气体放电。雷"電"中的"電"(意思是光!)[1]就是因为云彩带电击穿空气造成的。将气体用光子能量合适的高强度光照射,或者置于比如核爆引起的高温环境下,或者让高速带电粒子通过,或者加上足够强的电场,或者给放到足够大的空间中去变得足够稀薄,气体就会发生电离,部分电子从原子、分子中跑出来成为自由电子,这样就产生了等离子体。宇宙中最主要的物质存在氢原子,其大部分就是因为太自由而电离的。plasma 这种物质存在形式常被称为物质的第四态。在这类物质中,成分常常是非常复杂的。比如,我们在实验室中将氮气适度电离,则其中会有电子(e^-),N^+,N_2^+ 和 N_2^- 等不同的离子,处于激发态的分子 N_2^*,愚以为最重要的是还有大量的不同能量的光子,这些单元共同决定了这种物质状态的物理性质。你可以想象,它的物理是格外复杂的。

  plasma,暂且也称之为等离子体,导电、发光,一定程度上还算是气体充满可及的空间,积蓄了大量的能量且有强烈的释放能量的趋势。气体放电有大量的自由电子和离子,是好的导体。当初电子就是在对气体放电过程中被发现的。气体放电中的电子和离子不停地复合,释放出光能。可以想见,等离子体有非常重要的军事应用。等离子体导电、发光,最直观的应用就是制作显示器件。等离子体显示屏在军事装备中已经得到了广泛应用。

---

[1] 電,原义为光。有光必有影。唐朝沈佺期有句云:"電影江前落,雷声峡外长。"

等离子体的性质可由其中的电子密度 n_e 和电子温度 T_e(决定电子数密度随速度的分布)大体表征。给定电子密度 n_e,可定义一个角频率

$$\omega_p = \sqrt{n_e e^2 / m_e \varepsilon_0}, \tag{4.10}$$

其中 e 和 m_e 分别是基本电荷和电子质量,ε_0 是真空介电常数。在非磁化的等离子体中,电磁波的色散关系,即角频率 ω 作为波矢 k 的函数,为

$$\omega^2 = c^2 k^2 + \omega_p^2, \tag{4.11}$$

其中 c 是光速。将金属当作等离子体,计算其等离子体频率,会发现比如对于金属银,其等离子体频率约为 2.17×10^{15} Hz(对应波长 138 nm),高于紫外光,因此可见光都会被银反射,这就是为什么玻璃后面的银膜可以当作镜子用的道理。铜的等离子体频率略低,约为 1.91×10^{15} Hz,部分短波长可见光还是能被吸收,故而只能勉强当镜子用。

若在战机外部产生低密度等离子体,使得等离子体频率低于雷达用频率,则雷达发射的电磁波会进入等离子体被吸收而减少反射。这就能达到隐身的效果。非均匀等离子体对电磁波的折射也是一种可行的隐身策略。等离子体隐身具有宽带宽、吸收率高、容易维护等特点,但从能量和操控的角度来看就不妙了。等离子体隐身技术研究多年,但目前尚未投入实用。

气体放电是好的导体,可以通过大的电流,对于利用洛伦兹力的推进体系如电磁轨道炮,就会利用通过气体放电来获得所需要的大电流。此外,等离子体雷达天线技术(plasma radar antenna technology)、等离子

体推进技术也都具有军事意义,业已研究多年。等离子发动机比冲超过了采用液氢燃烧的,但目前推力太小还不适合做火箭发动机。在激光武器应用中,中间的一个关键是使用激光脉冲产生等离子体通道。更多内容见第七章、第八章。

4.6 量子技术与量子物质

谈论军事物理学,量子力学和相对论都是必然要涉及的内容。限于本书体量和作者水平,本书中量子力学只会稍有提及。量子力学在1930年初见雏形,在20世纪40年代和50年代就被用于军事领域。到目前为止,第一代量子技术[①]装备包括核武器、半导体器件、激光、磁共振成像、各种电子学通讯技术、数码成像,等等。如今有第二次量子(技术)革命的说法。第二次量子革命的特征是对单个量子系统的调控,操控的是单个分子、离子、原子,以及单电子、单光子,让测量达到量子极限。这一波量子技术用于军事,会带来量子通讯(量子加密)、量子计算(机)、量子互联网、量子雷达、量子 RF 天线、量子钟、量子惯性导航、量子水下测绘、量子地下测绘、各种新型电子学光电子学设备,等等。第二波次的量子技术未必直观地表现为新武器或者新的军事系统,但是会大幅提高测量、感知、计算能力,从而提升军事技术,带来战争形态的巨大变革。举例来说,大景深高速摄影和图片处理能力,就会极大提升精确打击能力,传统意义上的伪装就失去了意义。又比如,量子磁探测,几乎就是单原子器件就能完成的工作,且能探测到磁场的微

---

① 实际上是基于量子力学、相对论、原子物理、光学等众多学科。

弱变化。一艘潜艇,哪怕没有任何磁性,只要它还是金属制品,它闯入一个地方所造成的磁场变化就足以被探测到。更夸张的,传说中的量子雷达发射出去纠缠光子对中的一个光子,接受到的光子经和在接收器里的"遛跶光子(idler photon)"比对后才会被当作有用的探测信号,这样就可以对噪声置之不理,极大地提高了信噪比,会是反隐身的利器。第二次量子革命技术多是概念性的、未成熟的,至少其军事应用是未公开的。

量子力学的基本方程在1926年给出的时候,薛定谔就以"Quantisierung als Eigenwertproblem(量子化是本征值问题)"为题阐明了这个问题的实质。解方程(4.7)的定态问题,即先设定哈密顿量不显含时间,令 $\Psi = \psi e^{-iEt/\hbar}$,得方程

$$H\psi = E\psi, \qquad (4.12)$$

这是典型的关于算符的本征值问题。薛定谔的思想在1987年被推广,亚布洛诺维奇(Eli Yablonovitch)和萨捷耶夫(John Sajeev)将麦克斯韦方程组也改造成了本征值问题,比如对于电场 E,有方程

$$\frac{1}{\varepsilon(r)} \nabla \times \nabla \times E = \frac{\omega^2}{c^2} E, \qquad (4.13)$$

其中 ω 是振荡频率,c 是光速,而 $\varepsilon(r)$ 是随空间变化的相对介电常数。如果 $\varepsilon(r)$ 是周期变化的,则光在这样的物质中的传导行为可类比晶体中电子根据薛定谔方程的传导行为,这样的物质可以称为光子晶体(photonic crystal)。如今,利用人工设计的光子晶体,人们已经实现了很多新颖的对光的操控模式,制作了多种光子晶体器件。光子晶体可以用于制作吸波结构,具有光子晶体结构的光纤可提高军用通讯的容

量和可靠性,也可用于激光器光学器件的制备,便于实现军用的小型化激光器。光子晶体是未来建立起战场先进感知(advanced sensing)能力的重要一环。

光子晶体是超结构材料(meta-material,后材料时代的材料)的一个特例。超结构材料,即以原子尺度以上的某个尺度的结构单元所构成的材料,是人造材料,该材料的性质更多地依赖于其结构单元的几何及其所依循的结构而非结构单元的化学组分及其原子结构。超结构近二十年的研究取得了丰硕的成果。一个著名的超结构材料是负折射率材料(也称左手性材料),进入这类材料的折射光束会在入射光束的同一侧(图4.9)。

图4.9 正折射率材料(左)和负折射率(右)材料中的折射行为

尤其值得关注的是,量子力学在凝聚态领域中的应用还带来了量子物质这个新概念。量子物质,指的是必须用量子力学描述的凝聚态物质。当然,理解所有物质层面的性质其实都需要用到量子力学,只是

| 第四章　物质科学

量子物质的性质更多的是在量子力学充分发展后基于量子力学才能理解的,需要比较高阶的量子力学知识(不只是关注色散关系),甚至本就是基于量子力学的人工设计才获得的物质。比较有名的量子物质包括拓扑绝缘体、狄拉克电子系统等。拓扑绝缘体的内部是绝缘体,但表面上有传导电子态,是那种受对称性保护的电子态。类比于光子晶体,故也有光子拓扑绝缘体。拓扑绝缘体可用于制作新颖的磁电子学和光电子学器件。

4.7　结束语

世间有无穷无尽的物质。物质以气态、液态、固态和等离子体状态等多种状态存在,并表现出不同的性质来。不能脱离物质(物资)基础来谈论战争。比如,能源类物质是军需品,也可能是战争的目标。顺便说一句,天然气、石油和煤炭反映了能源类物质的三态。天然气和石油这两种物质因为流动性而聚集成大规模的矿可以理解。煤是固体,认定其是来自植物腐烂的形成机理值得商榷,因为植物也是固体,固体没有大尺度上流动渗过其他物质而聚集的可能,出现煤矿体量所需要的那么多植物的厚厚堆叠是难以想象的——活着的植被只有高约一米量级的稀疏分布。笔者猜测,煤的成因可能来自某种类似石油的液态物质的固化与炭化,依液态完成了聚集过程,此后在高压条件下完成固化与炭化。物质科学是内容非常庞杂的综合交叉性学科,是理解材料性质的学术基础。从前的物质科学(材料科学)是理解和开发材料以获得有用的性质,如今进入了如何根据应用需求凭借学术基础设计和创造具有特定性质新材料的时代。材料都是军民两用的，但军事应用对材料提出了更严苛的要求。满足军事应用需求是物质科学的关键驱动力之一，就建设强大国防力量的目标而言，提升国家的物质科学的研究与应用水平也是应有之义。特别值得注意的是，当前武器发展的一个重要方向是小型化，比如苍蝇大小的飞行器已是现实，这个趋势得以实现的前提是材料科学的进展。

参考文献

1. David L. Goodstein, *States of Matter*, Dover Publications, Inc. (2002).
2. John D. Anderson, *Fundamentals of Aerodynamics*, Sixth edition, McGraw-Hill Education (2016).
3. Frank E. Hitchens, *The Encyclopedia of Aerodynamics*, Plural Publishing (2016).
4. Paola Gallo, Mauro Rovere, *Physics of Liquid Matter*, Springer (2021).
5. Robert H. Cole, *Underwater Explosions*, Princeton University Press (1948).
6. R. F. Tylecote, *A History of Metallurgy*, Maney Publishing (2002).
7. S. L. Chaplot, R. Mittal, N. Choudhury, *Thermodynamic Properties of Solids: Experiment and Modeling*, Wiley-VCH (2010).
8. Joshua Pelleg, *Mechanical Properties of Materials*, Springer (2013).
9. John Singleton, *Band Theory and Electronic Properties of Solids*, Oxford University Press (2001).
10. Paul J. Hazell, *Armour: Materials, Theory, and Design*, CRC Press (2015).

11. M. J. Lancaster, *Passive Microwave Device Applications of High Temperature Superconductors*, Cambridge University Press (1997).
12. Swarn S. Kalsi, *Applications of High Temperature Superconductors to Electric Power Equipment*, Wiley-IEEE Press (2011).
13. Jurgen Altmann, *Military Nanotechnology: Potential Applications and Preventive Arms Control*, Routledge (2006).
14. Paul M. Bellan, *Fundamentals of Plasma Physics*, Cambridge University Press (2006).
15. Boris M. Smirnov, *Fundamentals of Ionized Gases: Basic Topics in Plasma Physics*, Wiley-VCH (2011).
16. Gabriele Giuliani, Giovanni Vignale, *Quantum Theory of the Electron Liquid*, Cambridge University Press (2005).
17. Vladimir E. Fortov, *Extreme States of Matter: High Energy Density Physics*, Springer (2016).
18. Lincoln D. Carr, *Understanding Quantum Phase Transitions*, CRC Press (2010).
19. Thomas Klein Kvorning, *Topological Quantum Matter: A Field Theoretical Perspective*, Springer (2018).
20. Didier Felbacq, Guy Bouchitté, *Metamaterials Modelling and Design*, Pan Stanford Publishing (2017).
21. Tudor D. Stanescu, *Introduction to Topological Quantum Matter & Quantum Computation*, CRC Press (2017).
22. Jose Martin Herrera-Ramirez, Luis Adrian Zuñiga Aviles, *Designing Small Weapons*, CRC Press (2022).

第五章
火、热与热力学

> 人性不挑战物理。
> ——作者

> Thermodynamics is the only physical theory of universal content which, within the framework of the applicability of its basic concepts, I am convinced will never be overthrown.
> — Albert Einstein[①]

摘要 生命是远离平衡态的自组织系统。战争是热力学的必然,是诸多高等动物摆脱不掉的梦魇。火的应用让人类异于其他动物,此后带来了各种发火装置;热机的使用带来了第一次工业革命,产生了热力学。对热机逆过程的认识带来了制冷技术。蒸汽机、内燃机、涡轮/涡喷发动机、冲压发动机使得武器或者武器载具拥有了越来越高的速度。高温、低温的产生以及避免都是军事技术难免会涉及的问题。

关键词 火,热,热机,功,温度,熵,热力学,熵增加定律,不可逆过程,熔化,燃烧,热保护

---

① 热力学是唯一具有普适性内容的物理理论,在基础概念的适应性框架内,我相信此理论永不会被推翻。——爱因斯坦

5.1 火与热

冷热是最自然的现象。地球上的气温大体在 -70 ℃至 70 ℃之间,且大部分时间、大部分地方是在 10 ℃至 20 ℃左右,这是水稳定存在的温度,是生命发生的前提。对冷暖认识的不断深入,为人类带来了大量的物理知识,最重要的是,它还带来了第一次工业革命。

影响温度最直观的因素是阳光。夏日中午直晒的阳光意味着高温,而冬日阴天的屋后则是寒冷。很自然地,人们会将冷热现象同光联系起来。天雷地火还会引起燃烧。雷电击中树木引起燃烧。火山喷发的高温熔岩所过之地寸草不留,有时候还会观察到火苗。燃烧的地方温度高,人们自然地也将冷热现象同火联系起来,火意味着热。为了取暖,人们会去晒太阳,还学会了生火,有火了就可以吃上熟食——人类是唯一的一种有意识制备熟食的动物。人类学会生火不是一件容易的事儿,否则不会有普罗米修斯盗火种的神话。一开始应该是从野火留取了火种,小心翼翼地保持,需要时再用来引火。后来燧人氏发明了钻木取火,这里利用的是摩擦生热现象,虽然要想成功生火不易但却意义重大。恩格斯曾说:"就世界的解放作用而言,摩擦起火超过了蒸汽机。"后来有人发现用铁击打燧石(flint)会蹦出火星儿,遂有用火镰生火的技术,这里用到的其实是氧化反应(见下)。到这个阶段,人类才有了火种的保障。再后来人类发明了火柴、打火机、电火花塞(ignition plug)等点火装置(图 5.1),其中火柴利用的是经摩擦生热触发的化学反应(包括产热的反应与发火的反应),火光来自燃烧过程,而打火机、电火花则是利用尖端放电去击穿气体,火光来自气体放电。此外,一些可燃混合气体也可以通过加压使其升温触发燃烧。点火,从来都是一

| 第五章　火、热与热力学

图5.1　火柴与火花塞

项军事技术。开枪、发射导弹,人们还会习惯说开火、点火。

那么热是什么？历史上人们认为热是一种独特的物质(caloric),是一种特殊的流体,可以从高温处流到低温的地方。这就是所谓的热质说。后来,在一项武备制造的过程中,热质说因为同观察不符而被抛弃。原名本杰明·汤普森(Benjamin Thompson, 1753—1814)的一位军人、物理学家、发明家于1791年在巴伐利亚挣到了神圣罗马帝国的爵位,故而以伦福德勋爵(Count Rumford)之名永垂青史。伦福德勋爵因为要研究枪械和炸药,故而对热现象感兴趣。他发明了一种测量固体比热的方法。1798年,在慕尼黑为炮管钻眼的过程中伦福德勋爵认识到热不是什么热质而是一种运动形式,通过摩擦热可以源源不断地产生。这个观念为建立热功等价以及能量守恒奠立了基础。

有必要对摩擦生热现象作进一步的阐述。摩擦生热是时常被提起的常识,但一般教科书的介绍存有不少误解。摩擦是两个粗糙表面间发生的微观过程,其关键机制是伴随此过程总要有物质被擦掉,产生碎屑——这才是摩擦现象的关键。因为在接触件之间摩擦是不可避免的，因此摩擦是各种机械必须面对的问题，也是有益的加工环节（抛光）。摩擦学（tribology）是专门的应用学科。从这个意义来说，也许汉语写成磨擦更贴近实际情景。就摩擦生热而论，一般热力学教科书会告诉我们此过程获得的热是功转化而来的，故而可以用来测定热功当量。这种观点太过粗糙。固体表面摩擦产生碎屑，那是材料的撕裂过程，其中有材料结合能的释放。此外，如果参与摩擦的一方是铁、铝等金属，摩擦产生碎屑意味着造成了很多新鲜的金属表面，其氧化过程也会产生热。英文教科书一般会同时提及friction（摩擦）和wear（磨损），图像就比较明晰了。

摩擦生热配合金属碎屑的产生是燧石、打火石的工作机理。燧石是一种质地非常坚硬密实的硅质岩石。当用钢击打燧石的边缘时，钢会被刮出铁屑来，高温铁屑的新鲜表面暴露于空气被氧化，变成了火星儿，如果旁边还有火绒等引火材料，就能生火了。如今常用的打火石材料为铁铈齐（ferrocerium），一种含有大量稀土元素（主体为铈、镧等）和少量铁、镁等元素的合金。为了提高硬度，还会混合一点儿铁、镁的氧化物。当用其他金属击打时，铁铈齐会被刮掉碎屑，很容易燃烧冒出火花，因为铈的燃点只有170 ℃左右。在这些摩擦生热、点火的过程中，物质的磨损是关键的。再强调一点，在谈论摩擦时，关注热效应同时还关注磨损是必要的。对于超高速武器发射装置如电磁轨道炮等，磨损甚至撕裂是个大问题。其实，对于动能武器而言，弹头在高速飞行时同大气之间的摩擦不是造成磨损的问题，而是在摩擦引起的高温下烧蚀（ablation）的问题。

在大气中高速飞行的物体，由于摩擦会迅速升温。防空炮火会使用曳光弹,依靠摩擦引起弹壳上化学涂层的燃烧来指示炮弹轨迹①。如果摩擦造成的温度高于物体熔点的话,则物体会熔化变为液体,甚至汽化。因此作为高速弹头,应该使用高熔点的、不易燃烧的金属或合金。炭在大气压下没有熔点,其升华温度为 3630 ℃,但不抗氧化。熔点较高的金属有钨(3422 ℃)、钼(2623 ℃)等,当然了它们也不抗氧化。如何获得耐高温、抗氧化的合金,其军事意义就不言自明了。为了提高高速飞行物体如火箭、回收舱的存活能力,一种策略是采用外部材料熔点低、内部材料熔点高、中间或许还有隔热材料这样的多层设计。外部低熔点材料在达到沸点后会汽化(其实这时候应该谈论沸点),带走热量,故而是一种牺牲层(sacrificial layer)。理解耐高温材料,需要固体物理、金属物理、材料物理等专业领域的知识。

5.2 热力学基础

人类对火的使用带来了煤和石油这两种矿物的发现和需求。在 17、18 世纪采煤已经成为了一个重要的经济行为。采煤遇到的一个重要问题是透水。大约在 1710 年左右,英国的煤矿出现了驱动压井的蒸汽机,因此带来了对蒸汽机的系统改进。将煤矿里的运煤车和木制的梯子路(railway)移到地面,用蒸汽机驱动车轮,于是便有了火车;用蒸汽机驱动轮子,而轮子上装有桨,这就有了轮船。另外一种蒸汽机驱动的典型机械是织布机。火车、轮船、织布机的应用从此开启了蒸汽机时代,人类开始了第一次工业革命。

---

① 严格地说,不是单个炮弹的轨迹,而是一个炮弹集合拼凑出的径迹。

在 19 世纪初,法国人为了提高热机效率做了不懈的努力,但收效甚微,这让他们深入思考热是怎么传递的、热是什么以及热机的工作原理。1824 年,卡诺(Sadi Carnot, 1796—1832)发表了"关于火的驱动力的思考"一文,这标志着热力学这门最重要的[①]物理学科的诞生。在这篇文章中,卡诺指出,热机是在两个温度上工作的,做功是一个从平衡态经非平衡态回到平衡态的过程。关于效率,卡诺给了一个原理:凡是不以做功为目的的传热都归于浪费。卡诺不幸于 1832 年英年早逝。1834 年,克拉珀龙发表了"论热的驱动能力"一文,指出根据卡诺原理,效率最高的热机只能由绝热过程和等温过程构成。克拉珀龙给出了由两个等温过程和两个绝热过程构成的工作循环,并命名为卡诺循环(图 5.2)。这个简单的四边形,是人类第一次工业革命的基础,也为我

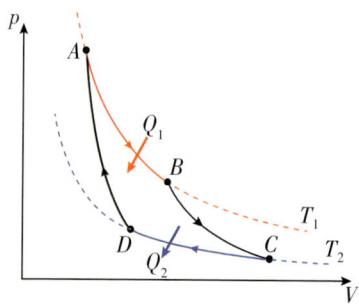

图 5.2 在 V-p 相空间中表示的卡诺循环,由两个绝热过程和两个等温过程所围成的四边形组成

们带来对物理世界的深刻认识。比如,因为这个(理想的、不存在的)循环是由可逆过程构成,它整体上是个可逆循环。热机的工作过程可作如下理解:热机从高温吸收热量,在低温放出热量,这中间的差额用于做功。既然是可逆循环,那可否倒过来通过对热机做功,热机从低温

---

① 没有之一。

第五章 火、热与热力学

处吸收热量,在高温处放出热量?这样,低温处就会被进一步降温,人类由此有了制冷技术!

关于卡诺循环,有两个层次的描述。热机从高温 T_1 上吸收热量 Q_1,在低温 T_2 上放出热量 Q_2,这中间的差额用于做功 W,容易得出

$$Q_1 - Q_2 = W, \tag{5.1}$$

此乃能量守恒的一个例子,是一种朴素的思想,没有什么道理可言。写成方程的形式也意味着要求热(Q)与功(W)之间存在等价关系。关系式(5.1)是关于两个变量 Q_1, Q_2 的,对于给定的 W,不能唯一地确定 Q_1, Q_2 的值,这与观测事实不符。此外,纯由数学的考虑,两个变量也应该由两个关系所确定。1852—1856 年间,德国人克劳修斯(Rudolf Clausius,1822—1888)一直思考这个问题,最后发现对于图(5.2)所表示的可逆过程,存在或曰可构造关系式

$$Q_1/T_1 - Q_2/T_2 = 0。 \tag{5.2a}$$

对这个关系的正确理解的一个侧面是,这是绝对温标的定义,即这个公式里的温度值必须是绝对温度。克劳修斯考察这个关系的微分形式,

$$\oint dQ/T = 0, \tag{5.2b}$$

这个环路积分为零,则其中积分函数从 A 状态到 B 状态的积分与路径无关,即

$$\int_A^B dQ/T = S(B) - S(A)。 \tag{5.3}$$

这样,就引入了一个新的体系状态函数 S,这是一个与能量转换有关的量,克劳修斯将之命名为 Entropie(英文为 entropy),汉译"熵"。此前,比如关于一团气体,我们凭直觉知道它有温度 T(冷热程度)、体积 V 和

压强 p 这三个物理量。现在,凭借对卡诺循环的研究,我们认识到还有第四个物理量,即熵 S。熵是关于这个宇宙及其中物理过程的关键物理量,是物理系统的内禀物理量。为了深入理解熵这个概念,后来有了统计物理,其中有玻尔兹曼(Ludwig Boltzmann,1844—1906)原理,即熵值最大的状态对应系统的平衡态;有普朗克(Max Planck,1858—1947)给出的熵表达式

$$S = k_B \log W, \tag{5.4}$$

其中 k_B 为玻尔兹曼常数,W 为状态数(Komplexion Nummer)。熵表达式(5.4)让有些人把熵理解成混乱度。但是,但是,请注意,这里的混乱度是 $6N$ 维相空间(N 是粒子数)里的混乱度,而不是我们生活的三维物理空间里的混乱度。有些我们在物理世界里看到的井井有条,可能恰恰是混乱度高的状态,比如顺着溪水漂流的毛竹就会自动排列得非常整齐,但那却是高熵状态。

对于实际的热力学循环,克劳修斯不等式

$$\oint dQ/T \leq 0 \tag{5.5}$$

成立,其极限情况就是全由可逆过程组成的卡诺循环,满足 $\oint dQ/T = 0$。这样,对于任何不可逆过程,都有

$$\oint_1^2 dQ/T = S_2 - S_1 > 0, \tag{5.6}$$

即过程是个熵增加的过程。对于一个孤立的系统,其演化方向就是系统熵增加的过程,即孤立系统熵不减少。这一点,对于理解生命,理解社会(特别是战争),以及理解宇宙演化具有根本性的意义,是出发点。

第五章　火、热与热力学

方程(5.1)和方程(5.2)或者不等式(5.5)，分别对应热力学的第一定律和第二定律。到此时，可以总结出热力学第零定律：与同一个体系处于热平衡的两个物体，它们之间也处于热平衡，即热平衡具有传递性。热力学第零定律是可以定义温度这个物理量的基础。此外还有热力学第三定律：当 $T\to 0$ 时，$\Delta S\to 0$。这四个定律构成热力学的理论框架。

热力学中的熵和温度，它们是一对关于热的共轭量，可以说是理解物理世界最重要的概念，但恰恰它们都不是直观的物理量。关于这两个概念，哪怕是在专业文献中也多有误解。更多内容请认真研究热力学方向的专著，也可以参阅拙著《物理学咬文嚼字》[①]。

5.3　战争的热力学必然性

热力学第二定律推论出闭合体系的熵恒不减少。这注定了生命这个高度组织的结构必然是个开放的、远离平衡态的耗散结构。欲维持这个体系的高度有组织，则这个体系必须不停地从外部获取物质以保持代谢过程的运转。普利高津(Ilya Prigogine, 1917—2003)因对非平衡态热力学和耗散结构的研究获得了1977年度的诺贝尔化学奖。有些文献会随意地说是生命要获得能量，甚至说是注入负熵以保持熵不增，笔者认为这种描述都不正确。首先，生命不是靠什么摄入能量(这是个虚的、数学的概念而非具体的存在)维持的，生命必须摄入具体的物质，有时候物质的构成不正确都会让生命退化或者灭亡(毒药的概

---

① 若干年后的读者可参阅笔者的《热力学教程》。

念了解一下？）。喂养不同的小动物要用不同的饲料，就是这么简单的道理。如果是摄入能量，光靠光照就能养好动物，那倒简单了。至于熵，熵从公式 $S = k_\text{B} \log W$ 来看永远取正值，用状态数 W 强调的是无序。负熵的概念是薛定谔1944年在《生命是什么？》的小册子里将公式(5.4)改写为 $S = k_\text{B} \log W^{-1}$，用$1/W$着重强调有序后出现的——这是薛定谔这本书被物理学家所诟病的地方。熵与负熵，只能用一个，不能同时使用这两个概念。

生命为了延续下去，就要不停地摄取食物。植物靠光合作用生长，而动物则以微生物、植物、其他动物以及同类作为食物，这是自然的法则，不以人的好恶为转移。对于稍微高级点儿的生命，为了获取足够的食物，它们会相互合作，也会互相残杀，发展出了非常复杂的资源利用开发模式以及不同层次上的合作—竞争行为模式。生存需要资源，但资源是时有时无的、分布不均匀的、有限的。当遭遇资源匮乏时，就会发生个体之间或者族群之间的战争。由此看来，战争是热力学的必然。各种动物，动物中的每一个个体，为了保卫自己的物种、族群、家庭以至个体本身，可能都会遭遇战争的局面。有趣的是，蜂群、蚁群中甚至进化出了专门的兵蜂、兵蚁这种功能性种类（图5.3），其个头比工蜂、工蚁大一圈，而人类在其进化的高级阶段则是选拔一部分个体构成军人这个专业群体，并有部分群体专门从事军事研究与军工生产。

生存需要资源，但是地球表面上资源是不均匀的——地球表面就是个有限大小的闭合曲面。对于生命来说，饮用水是第一资源，很多动物都会陷入为争水源而引发的战争。在非洲荒原的旱季，水塘就是杀

| 第五章　火、热与热力学

图 5.3　（左图）一种大头蚁属（*Pheidole megacephala*）的兵蚁与小工蚁；
（右图）一种无刺蜂亚属（*Tetragonisca angustula*）蜂群中的工蜂和兵蜂，兵蜂也是块头更大

戮场，鳄鱼藏在水里，狮子、豹子伏在水边，因为猎物们必须来喝水（图5.4）。值得警惕的是，水资源的争夺过去曾是人类各种层面战争的导火索，未来随着人口增长、社会发展带来的淡水短缺，争夺水资源的战

图 5.4　非洲干旱草原上，水塘就是杀戮场

争只会愈演愈烈。当前世界上存在许多小规模的水战争,值得关注。粮食是第二位的战略资源。中华民族起于黄河和长江流域富庶的产粮区,因此历史上遭遇的战争多是粮仓保卫战。

除了水、粮食这些最直观的资源,什么物质是战略资源是个动态演化的概念。不同阶段人类社会的发展有不同的资源需求,从前不是资源的东西,后来某一天成了急缺的资源。煤、天然气千百万年静静地沉睡无人问津,在工业化时代它们是宝贵的能源类物质和制造业原材料。氦气可能是许多人不知其为何物的东西,但液氦是产生极低温不可或缺的物质,它也就变成了战略物资。200 年前钨矿不是什么战略资源,但是因为钨更适合做弹头,到第二次世界大战时钨矿就成了战略资源。100 年前锂矿不是什么战略资源,如今随着锂离子电池的出现且需求量日增,锂矿就成了战略资源。至于稀土矿,从前就是脚下的泥土而已,如今其战略价值已是世人皆知。一切资源都具有战略性! 随着人类的发展,人类已经占据了地球上的所有陆地,并把手伸向了海洋去要资源。

当前的人类已经对地球的承载能力有了比较清醒的认识,目前还处在竞争求生存的阶段。未来人类社会如何演化,是否能够超越从前的模式提出新的发展模式,有有意识的思考,有下意识的摸索,却没人能给出答案。新的发展模式也许更聪明,但未必会比战争文明。人性不挑战物理。

5.4　热机的迭代

早期的蒸汽机、斯特林发动机都是外燃机,燃烧在燃烧室里进行,它不是工作介质(比如蒸汽机用的水)回路的一部分。1860 年,勒努瓦

(Étienne Lenoir,1822—1900)制造了第一台商用内燃机。内燃机,燃烧产物是工作介质,燃烧室是工作介质回路的一部分。内燃机有两种方式。燃烧可以是间断的,这样的发动机设计有二冲程、四冲程甚至六冲程的。燃烧也可以是连续的,这第二类发动机中包括燃气轮机、喷气发动机和火箭发动机等。内燃机比外燃机效率要高得多。这个道理可以由热力学理论给出。由描述理想热机之卡诺循环的两个方程(5.1)—(5.2)可以得出,工作在两个温度之间的理想热机的效率为

$$\eta = 1 - T_2/T_1, \tag{5.7}$$

这是实际热机的效率极限,其中的温度值为绝对温度。可见温差越大,效率越高。虽然实际的热机效率取决于其设计,但高效的发动机必然追求大的温差。对于大气环境下工作的热机,热机的低温热源温度为环境温度, $T_2 \approx 300$ K,则提高效率的努力方向就在如何提高高温热源的温度了。这个道理,克拉珀龙在其1834年的经典论文中有精彩的描述:既然热机的效率取决于温差,则热机(蒸汽机)的设计就不该是把烧水锅放到火炉上,而是把火炉建在烧水锅里。

1892年,狄塞尔(Rudolf Diesel,1858—1913)制作了第一台压缩进气、压缩点火的发动机(compressed charge, compression ignition engine)。压缩气体可以使气体升温,若温度高过工作气体在那个状态下的燃点时,会引发燃烧。柴油机就是这样工作的。

另一种采用连续燃烧方式的是冲压发动机(ramjet engine)。运动是相对的。对于在空气中高速飞行的物体,是空气向它高速迎面飞来——这让发动机容易获得大量的用于同燃油混合以便燃烧的空气,从而可以提供极高的推力。高速空气从头部的进气道进入冲压发动

机,在进气道内扩张、减速,其压力、温度升高后进入燃烧室助燃。高温燃气经推进喷管膨胀加速后从尾部喷出,起到推进的效果。冲压发动机不能在静止的条件下起动,所以需要和火箭发动机一起配合使用,在飞行速度大于马赫数3时使用更合算。冲压发动机的概念是法国工程师劳兰(René Lorin,1877—1933)在1913年提出的,其原理看似简单,但对材料的要求可不低。冲压技术一开始用于炮弹增程,近年来才见相关技术的突飞猛进。目前有报道说我国超高速武器的飞行速度超过马赫数20,使用的应该是冲压发动机,具体参数不详。冲压发动机的改进型有Scramjet,即超燃冲压发动机,其无需将以超声速度涌入的空气减速即可用于燃烧(图5.5)。

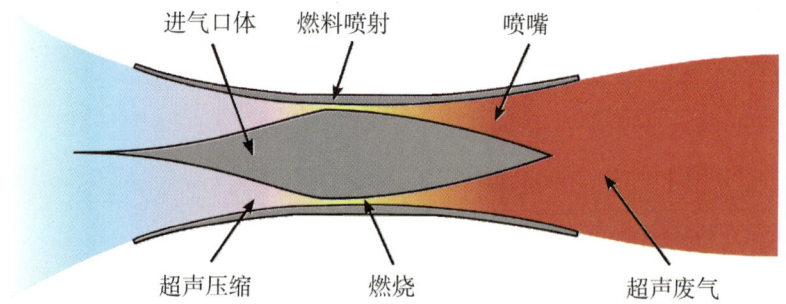

图5.5 超燃冲压发动机示意图

5.5 军事领域中的热问题

热现象是普遍的现象,(火)热的问题自然也是军事领域里的普遍问题。就武器装备而言,有点火的问题,有燃烧的问题,有爆炸加速的问题,有摩擦的问题,有烧蚀的问题,有熔化的问题,有结冰、结霜的问题,等等。这些问题宜从热力学理论、化学热力学和材料热力学的角度

第五章 火、热与热力学

加以考虑。这类话题太广泛,此处只举几个例子稍作提及。

5.5a 火与热作为攻击手段

火攻一直是古代战争中行之有效的战争手段。其实,即便没有明火,纯粹的热效应也可用作武器。不管是高爆弹头,还是纯粹的动能弹头,在攻击过程都会将目标加热,核武器甚至会将大范围内的空气加热,这是这些武器的毁伤机理之一。这样看来,作为防守一方的装备,一方面要有高熔点以抵抗高温,另一方面具有绝热设计也许是重要的,这样局部的高温攻击不会传导到整个体系。作为反例,坦克刚面世时,当时的枪炮对这坨移动的钢铁几乎束手无策。然而,钢铁是热的良导体,从外部加热可有效地攻击内部的成员和油箱,让坦克退出战斗。这就是为什么二战时莫洛托夫鸡尾酒(俗称燃烧瓶)成了重要反坦克武器的原因(图5.6)。

图5.6 漫画:士兵用莫洛托夫鸡尾酒攻击坦克

热量不仅来自化学燃烧,来自电加热,也可以来自非弹性碰撞。两个物体发生碰撞,取决于初始速度和物体的材质,会有一部分动能转化成热能,从而可作为后继效应的触发因素。老电影《瓦尔特保卫萨拉热窝》中,两手空空的游击队员要引爆油罐车,就是让火车头爬高积聚势能，然后让火车头从高处冲下将势能转化动能，高速火车头引起的车厢之间的碰撞，进而引爆了油罐车。这里的事件链可物理地描述为势能→动能→热→燃烧。这是一个非常好的物理学知识用于战争的案例，表明提升兵员的科学知识对于赢得战争是多么重要。

再举一例。气体在被加热时压力骤升，会形成冲击波。由于地下掩体一般会同外部联通以获得新鲜空气，高温气体形成的冲击波会借助空气介质对掩体内目标予以摧毁。这就是温压弹（thermobaric bomb）的工作原理。

5.5b 多侧面高温问题

枪械中除了火药爆炸以外，一个重要的产热机制是弹头在枪膛中被加速过程同枪膛摩擦造成的。从前的单发枪，一发子弹出膛后要过一段时间才能击发另一发子弹，枪膛有足够的冷却时间。在自动枪面世后，问题变得严重了。早期的重机枪有打红了枪管的说法，必须用水冷却。高温下的枪管变形，会出现卡壳的问题，枪身太热也无法把握。解决这一难题，一方面是使用隔热材料，让枪管发热也不影响枪械的把握。从根本上说，解决弹头同枪管之间的摩擦要依靠加工技术的进步。当前的机械加工水平已经可以使得弹头和枪管（炮管）内壁足够光滑，弹头同枪管之间高度同轴、密配，炮管烧红、卡壳的问题业已成为历史。如今，近防炮的射击速度能达到一分钟一万发以上。

由于战争常常是火热场景，军用材料的耐高温性能要比民用材料要高。民用芯片采用硅基芯片即可，因为硅的熔点为 1414 ℃，这对于保证器件的高温可靠性足够了。然而对于军用器件，比如雷达上的高

第五章 火、热与热力学

功率器件,可能就需要使用碳化硅基的芯片。

火箭尾气的温度高达两千多摄氏度,一般材料都扛不住这样的高温。高温燃气会对发射架造成损坏。现在的导弹发射会采用冷发射,比如用低温的高压气体或者燃气将导弹弹离发射架,离发射架足够远时主发动机再点火。冷发射的好处一方面延长了发射架的寿命,更重要的是可以提升导弹发射速度(频次)。2022年10月我国投入使用的海上移动卫星发射平台,采用的就是冷发射。

从地面发射火箭,从太空回收飞船,或者导弹采用再入大气层的飞行轨迹,都有同大气剧烈摩擦造成高温的问题。如果任由温度上升,会造成部件的损毁。解决这个问题的一个策略是采用保护层设计,包括隔热层与牺牲层。选择沸点适当的材料作牺牲层。处于最外侧的牺牲层经摩擦被加热到沸点,材料沸腾汽化会带走热量,可避免温度持续上升。这里的关键物理参数是材料的汽化热。水的汽化热达2257 J/g,这就是把水烧干不容易的原因。隔热(thermal insulation)是一门极具挑战性的学问,可惜一般大学物理课程中鲜有涉及。用于火箭上的隔热材料要求熔点高、不易燃,其热导率要低。材料的导热机制有电子导热和声子导热。热导率低的材料一般比较柔软,这倒正好方便用于不同几何形状的物体上。棉花是我们熟悉的天然隔热材料,故而早早就被人类用来御寒。

5.5c 低温问题

低温物理是物理学的专门分支。获取低温所需的技术以及由低温条件所带来的新物理,说花样繁多、博大精深一点都不过分。低温物理的绝大部分内容不会用到军事领域。不过,发展军事技术时考虑到足够大的低温范围也是应有之义。

首先是高寒区域军人与器械的保暖问题。人体最舒适的温度是 20 ℃ 左右,低于这个温度,尤其是低到 -30 ℃ 的严寒,如何实现落差达 50 ℃ 的隔热保温是个问题。这里的难题是,热力学告诉我们生命是个远离平衡态的低熵体系,不管外部环境温度的高低它一直要散热。所以,既要保持内外达 50 ℃ 的落差,又保证散热、透气,这才是高寒地区服装设计的难点。目前我军已解决了高寒地区服装、鞋帽还有帐篷的保温问题,极大提升了高寒地区我军的生存能力。

低温也给装备带来了诸多问题。比如,低温下燃油的流动性差,甚至会凝固,这就要求研制凝固点低的油料。高寒地区车辆观察窗会结冰、结霜,为此要有抗结霜、结冰的镀层或者电加热镀层。一般材料都是热胀冷缩,但水会表现出热缩冷胀。经历了冷热循环的材料,结构性能容易失效。极端低温条件下,如火箭上使用的液氢和液氧推进剂,沸点分别为 -253 ℃ 和 -183 ℃,普通钢材在这样低温下可能一碰就碎。低温环境下使用的装备,尤其是某些关键部件,要有专门考虑。

在许多应用中,实际上需要低温环境,这就要对环境制冷。热力学带来的一大成就是让人们通过可逆过程的概念从逆热机过程获得了制冷技术。1885 年,氢气在 20.28 K 的温度下被液化[①],由此获得的氢原子光谱成了量子力学的源头;1908 年,最后一种气体,氦气,被成功液化,获得了 4.2 K 左右的低温;如今通过激光制冷技术,人类可以针对

---

① K,Kelvin 的首字母,表示的是绝对温度,与摄氏温度值相差 273.15,如 0 ℃ 即对应 273.15 K。

第五章 火、热与热力学

少量原子组成的体系实现 nK(纳开)量级的极限低温。低温技术在军事上的一个重要应用是给各种探头,尤其是红外探测器,进行降温以减少系统自身的热噪声,提升探测灵敏度。现在的红外焦平面探测器会采用制冷型的,使用液氮(77 K)冷却。此外,雷达、导航卫星上还使用原子钟、原子喷泉钟,都需要极低温环境(参见第七章)。

5.6 再说热力学与战争

热力学是最独特的一门物理学分支,是比相对论、量子力学基础更坚牢的学科。它是关于宇宙、生命体、简单多粒子体系的学问,对理解材料学、化学、生物学和社会学来说都是指导性的学术基础。就军事而言,无论是关于人类社会形态的演化、一场大战的挑起与终结还是关于一件武器的设计使用,热力学的角度都是看待问题的必要视角。

人类相比其他动物更智慧的地方是人类学会了使用工具,产生了科学,并把科学用于生产和斗争。反过来,战争又是科学发展的最重要驱动力。古代的中国,无数的杀伐征战都是局域的战争,是空间上有接触的不同群体之间的争斗。1840 年,英国的蒸汽船开到了中国海面,从此中国这块美好的土地迎来了远方的侵略者。无数的先辈为了国家民族的解放前仆后继,付出了鲜血、汗水和聪明才智。今天的中国已经经历了几十年免于战火的和平时光,在享受和平的时候我们当谨记这宝贵的和平是建立在我们有强大的战争能力的前提下的。这个强大的战争能力,来自我们的人民之不怕牺牲的精神,客观上则来自我们的国家已经初步实现了工业化进程的事实。我们有强大的人力动员能力,也有强大的物资和技术支撑。未来的世界,战争中的科学技术含量越来越高。有鉴于此,我们的军人应该是用爱国主义、科学技术知识和军事技能与装备全面武装起来的军人。

理解人类社会发展中的问题尤其是战争问题,笔者个人以为,按照基础性、合理性递减的方向要从如下三个角度加以考量:1)物理学的定律;2)动物的丛林法则;3)人文精神。战争是有限资源下生物生存的必然选择,高喊热爱和平不足以消灭战争。在未来很长一段时间里,战争都还是人类社会的一种必然性。怀揣热爱和平的信念,保持强大的战争能力,绝不接受任何人强加于我们的战争,我们才有可能享受和平。只有拥有强大的战争能力才能消除别人对你动武的冲动,这个逻辑不管听起来如何别扭,它都是现实中最合理的。战争与和平的主题,人类曾有过许多思考,但关键是你相信物理还是相信诗歌?永远不要让"战争还是和平?"成为我们的选择题。

参考文献

1. 曹则贤,物理学咬文嚼字,中国科学技术大学出版社(2019).
2. Frederick D. Rossini, *Thermodynamics and Physics of Matter*, Princeton University Press (1955).
3. Bharat Bhushan, *Introduction to Tribology*, Second Edition, Wiley (2013).
4. G. S. Upadhyaya, R. K. Dube, *Problems in Metallurgical Thermodynamics and Kinetics*, Pergamon (1977).
5. Michael A. Liberman, *Introduction to Physics and Chemistry of Combustion: Explosion, Flame, Detonation*, Springer (2008).

6. Stephen R. Turns, *An Introduction to Combustion Concepts and Applications*, McGraw-Hill (2012).
7. Irvin Glassman, Richard A. Yetter, Nick G. Glumac, *Combustion*, Fifth Edition, Academic Press (2014).
8. Paul Fleisher, *Matter and Energy: Principles of Matter and Thermodynamics*, Lerner Pub. Groups (2002).
9. Dilip Kondepudi, Ilya Prigogine, *Modern Thermodynamics: From Heat Engines to Dissipative Structures*, Wiley (2014).

第六章
机械振动与机械波

The breaking of a wave cannot explain the whole sea.
—— Vladimir Nabokov[1]

……风动于上,而波震于下者也……沿波讨源,虽幽必显。
—— 刘勰,《文心雕龙》

摘要 振动与波是非常自然的现象。受迫振动是物理学中作用的基本模型,也是振动与波的探测基础。减振(震)与振动隔离是各种武器及其载具都会遇到的问题。高速飞行、爆炸会引起冲击波,原生的和次生的声波都可以是武器。声波的多普勒效应可以用于定位和测距,深海水波通讯已实现长距离图像传输。

关键词 振动,受迫振动,阻尼振动,减震,波动,密度波,声波,水波,冲击波,音障,多普勒效应,水波通讯

---

[1] 水面生波解释不了整个大海。—— 弗拉基米尔·弗拉基米洛维奇·纳博科夫(Влади́мир Влади́мирович Набо́ков)

6.1 振动

6.1a 简谐振动

一些物理量,为了简单就权当是物体的位置来理解吧,如果受到的扰动不是很厉害的话,它就会回复到原来的位置,这也是惯性的一个表现。大自然里受扰动的物体(或物理量)回复到原有位置的过程,原则上就是一个来回摆动且摆动幅度越来越小的过程。一直摆动停不下来是不存在的理想状况,而一下子就回到原来位置绝不再摇摆那是极端情况。

从唯象的角度来研究这个问题,不牵扯任何物理实质或细节。一个量被扰动还回到了原来位置,说明变化会遭遇阻力,且至少在所考虑的范围内,这个阻力会随着变化的增大而单调地加大。最简单的情形,就是①

$$f = -kx_。 \tag{6.1}$$

如果要具象的话,设想有一根弹簧,一端固定,自由端挂个质量为 m 的物体,方程(6.1)中的系数 k 就是弹簧的弹性系数。根据牛顿第二定律,得运动方程

$$m\frac{\mathrm{d}^2 x}{\mathrm{d}t^2} = -kx, \tag{6.2}$$

引入量 $\omega^2 = k/m$, 方程的解可表示为

$$x = A\sin \omega t + x_0 \tag{6.3a}$$

或者

---

① 真的不能再简单了。再简单,问题就会变得复杂了。

$$x = A\sin(\omega t + \varphi), \quad (6.3b)$$

这个函数就是描述一个量在设定的最大范围(振幅)内来回振荡的过程,其中 A 是振幅,ω 是角频率,$\omega t + \varphi$ 称为相位(phase)[①]。引入 $\omega = 2\pi\nu$,其中的 ν 就是频率,表征单位时间内来回振荡多少次。重力场中悬挂重物的小幅度摆动也可以如此处理(图6.1)。

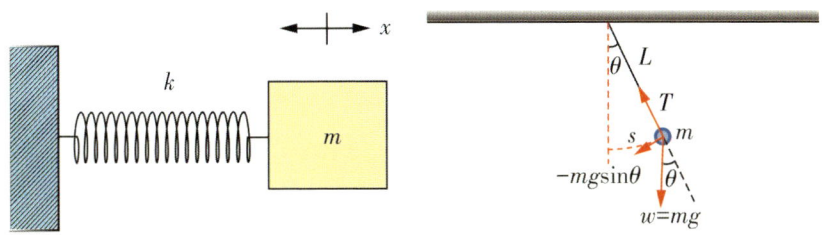

图6.1 弹簧振子(左图)和重力场中的单摆(右图)

再强调一句,振荡会出现在各种物理体系中。公式(6.3)中的 x 可以是位置以外的其他物理量,而 t 也可以是时间以外的其他物理量,公式(6.3)描述的变化就是物理量 x 随物理量 t 的振荡。比如,考察一个简单的 LC 电路(图6.2),即由一个电感(L)和一个电容(C)串成的电路。闭路的电压降为零,有方程

$$L\frac{dI}{dt} + \frac{Q}{C} = 0, \quad (6.4a)$$

带入电流与电荷的关系 $I = dQ/dt$,方程(6.4a)可改写成

$$\frac{d^2 Q}{dt^2} + \frac{Q}{LC} = 0, \quad (6.4b)$$

这个方程的解就是振荡的,角频率为 $\omega = 1/\sqrt{LC}$。如果在串联的电感

---

① 这个约定俗成的译法其实为错误翻译。phase 这个词里只有相,没有位。

和电容两端加上驱动电压 $V = V_0\sin(\omega' t)$，则电路中的电流就是受迫振动了。振荡电路是模拟电子线路里的基本元素。

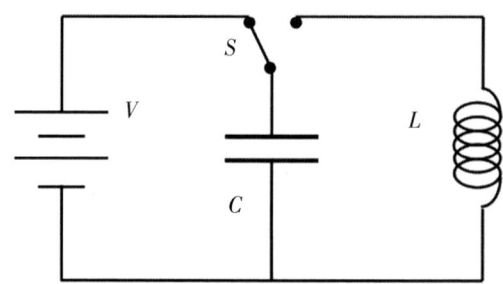

图 6.2　简单的 LC 振荡电路

6.1b　阻尼振动

公式(6.3)描述的变化是永不停歇的来回振荡。如果要让变化停歇下来，得引入和变化速度相抵触的力，即阻尼[①]力。加入阻尼力的运动方程为

$$m\frac{d^2x}{dt^2} = -kx - \gamma\frac{dx}{dt} \tag{6.5}$$

引入参数 $\zeta = \dfrac{\gamma}{2\sqrt{km}}$，方程(6.5)的解为

$$x = Ae^{-\zeta\omega t}\sin(\sqrt{1-\zeta^2}\,\omega t) + x_0 \tag{6.6}$$

可以看到存在阻尼项时，振荡的振幅会越来越小。注意，当系数 γ 足够大，使得 $\zeta = \dfrac{\gamma}{2\sqrt{km}}$ 接近 1 时，位置偏离 x 会从初始值单调地回复到零位置，振荡不再发生。到目前为止，上述方程里涉及的 m, k, γ 都是体

---

① 强调一下，阻尼(nǐ, 3 声)。不注重文化不是物理学家的缺点，但也不能算是物理学家的优点。

系自身的性质，$\omega = \sqrt{k/m}$ 是体系的本征（角）频率。

6.1c 受迫阻尼振动

如果物体是在外部振荡（角频率为 ω'）的驱动下振动，方程为

$$m\frac{\mathrm{d}^2 x}{\mathrm{d}t^2} + \gamma \frac{\mathrm{d}x}{\mathrm{d}t} + kx = F\sin\omega' t, \quad (6.7)$$

这个方程的稳态解（stationary solution）的形式为

$$x = A\sin(\omega' t + \varphi), \quad (6.8)$$

也就是说系统最终屈服于外来因素按照外来驱动的频率振动，其振幅表达式为

$$A = \frac{F}{k}\frac{1}{\sqrt{\left(1 - \left(\frac{\omega'}{\omega}\right)^2\right)^2 + (\omega'\gamma/k)^2}}, \quad (6.9)$$

从这个关系式可以得到在 $\omega' = \omega$ 时振幅会很大的结论。这就是共振（resonance）说法的来源。为此，一些赝科学书籍还演绎出一队士兵从桥上正步走过，因为步伐节奏和桥正好合拍发生共振结果把桥给震塌了的神话。请注意，公式（6.8—6.9）给出的是静态解，而受迫振动要达到静态解所需要的暂态时间（transient time）多长，取决于两者的初始相位和各自的频率，那个暂态时间多长可是没谱的（图 6.3）。再者，在有损耗的情形下，受迫振动的最大振幅是有上限的。即便原则上外加振动源可以让体系大幅度振荡起来，那幅度的提升也是需要时间的。尤其值得注意的是，一列士兵的踏步对桥的作用是离散的、一定程度上随机的，作用振幅是约为零的，指望这样的驱动信号引起桥的大幅度振动，不现实。

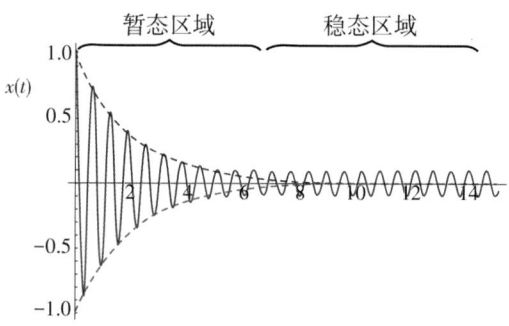

图 6.3　受迫阻尼振动示例。在经过一段时间的挣扎(暂态区域)后,系统进入了稳态区域,以强迫信号的频率振荡

聊一点纯数学。方程(6.2)这样的简谐振动方程对应的是一个具有原型意义的(prototypical)本征值问题

$$\frac{\mathrm{d}^2 x}{\mathrm{d}t^2} = -n^2 x, \tag{6.11}$$

此方程的解为

$$x = \sin(nt),\ \cos(nt),\ \text{其中}\ n = 0,1,2,\cdots \tag{6.12}$$

这些解的线性组合

$$x(t) = \sum_{n=0}^{\infty} \left[a_n \cos(nt) + b_n \sin(nt) \right] \tag{6.13}$$

能表示任意的在域 $t \in [0, 2\pi]$ 上的周期函数,这就是作为数学和物理普适性基础的傅里叶分析[①]。此外,注意在量子力学中,量子化条件 $[x,p] = \mathrm{i}\hbar$ 意味着动能算符为 $\hbar^2 \partial_x \partial_x$,其本征值问题也是方程(6.11)。量子力学,不过是化了装的经典力学。

[①] 笔者坚持写上 $n=0$ 时的 $\sin(nt)$ 项。它是恒为零,但它存在。

6.1d 耦合振动

振动体系,振子(vibrator, oscillator),可以是耦合的。设想有两个简单的一端固定的弹簧振子,振子质量和弹簧系数分别为(m_1, k_1)和(m_2, k_2),两个弹簧之间用一根弹簧连接,弹性系数为k_{12}。得运动方程为

$$m_1 \frac{\mathrm{d}^2 x_1}{\mathrm{d}t^2} = -(k_1 + k_{12})x_1 + k_{12}x_2 \qquad (6.14\text{a})$$

$$m_2 \frac{\mathrm{d}^2 x_2}{\mathrm{d}t^2} = k_{12}x_1 - (k_2 + k_{12})x_2。 \qquad (6.14\text{b})$$

固体物理类教科书里有一个简单的耦合振子模型:一维原子链模型。可以假设原子为同种原子,原子之间的作用等价于同一种弹簧,则对于编号为 l 的原子,其运动方程为

$$\frac{\mathrm{d}^2 x_l}{\mathrm{d}t^2} = \frac{k}{m}(x_{l-1} - 2x_l + x_{l+1})。 \qquad (6.15)$$

这个方程,有的用固定边界条件,有的用周期边界条件求解(此时利用平移算符的解法才是对的),在原子数足够大时这两种情形的解趋于一致。笔者想指出,一般教科书里给出的解法,其结果是正确的,但道理却未必对。对于一般情形,不作特殊假设,方程(6.15)可写为矩阵形式

$$\frac{\mathrm{d}^2}{\mathrm{d}t^2}\begin{pmatrix}x_1\\ \vdots \\ x_n\end{pmatrix} = \boldsymbol{M}\begin{pmatrix}x_1\\ \vdots \\ x_n\end{pmatrix}, \qquad (6.16)$$

可见,所有的内容都在 $n \times n$ 矩阵 $\boldsymbol{M}$ 里了。哪怕原子的质量各有不同,

弹性系数各有不同,问题的实质不变。方程(6.16)的解法是先求矩阵 M 的对角化,即解本征值问题

$$\det(M - \lambda I) = 0 \tag{6.17}$$

得到由本征值($\lambda_1,\cdots,\lambda_n$)组成的对角矩阵和用相应的本征矢量所拼成的相似变换矩阵 V,使得

$$M = V \begin{pmatrix} \lambda_1 & \cdots & 0 \\ \vdots & & \vdots \\ 0 & \cdots & \lambda_n \end{pmatrix} V^{-1}, \tag{6.18}$$

这样方程(6.16)就变成了

$$\frac{\mathrm{d}^2}{\mathrm{d}t^2}\left[V^{-1}\begin{pmatrix} x_1 \\ \vdots \\ x_n \end{pmatrix}\right] = \begin{pmatrix} \lambda_1 & \cdots & 0 \\ \vdots & & \vdots \\ 0 & \cdots & \lambda_n \end{pmatrix} V^{-1} \begin{pmatrix} x_1 \\ \vdots \\ x_n \end{pmatrix}, \tag{6.19}$$

这意思是说,每一个特定的全部原子位移的线性组合,$V^{-1}\begin{pmatrix} x_1 \\ \vdots \\ x_n \end{pmatrix}$,都是一个简谐振动,称为一个简谐振动模式。

假设是 n-个全同原子组成的原子环链,矩阵 M 为

$$M = \frac{k}{m}(2I - T^{-1} - T), \tag{6.20}$$

其中 T 是位移矩阵 $\begin{pmatrix} 0 & 1 & \cdots & 0 \\ 0 & 0 & 1 & 0 \\ \vdots & \vdots & \vdots & \vdots \\ 1 & 0 & \cdots & 0 \end{pmatrix}$。可见,对角化 M 就是对角化矩

阵 T,而矩阵 T 的对角化问题是一目了然的,

$$\begin{pmatrix} 0 & 1 & \cdots & 0 \\ 0 & 0 & 1 & 0 \\ \vdots & \vdots & \vdots & \vdots \\ 1 & 0 & \cdots & 0 \end{pmatrix} \begin{pmatrix} 1 \\ e^{i\theta} \\ \vdots \\ e^{i(n-1)\theta} \end{pmatrix} = e^{i\theta} \begin{pmatrix} 1 \\ e^{i\theta} \\ \vdots \\ e^{i(n-1)\theta} \end{pmatrix}. \quad (6.21)$$

以此类推可以求出其所有的本征值和本征矢,给出相似变化矩阵 V。位移矢量的性质,决定了方程(6.15)可以表示为

$$-\omega^2 A = \frac{k}{m}(e^{-i\theta} - 2 + e^{i\theta})A, \quad (6.22)$$

其中 A 是某一个位移矢量组合, $A = V^{-1} \begin{pmatrix} x_1 \\ \vdots \\ x_n \end{pmatrix}$。方程(6.22)给出振动频率 ω 与参数 θ 之间的关系 $\omega = \sqrt{\frac{4k}{m}} \sin \frac{|\theta|}{2}$。注意, $\theta \in [-\pi, \pi]$。教科书里会表示为 $\theta = Ka$,其中 a 为原子间距,相应地 K 称为波矢。这个物理量在我们把不同位置上的互相耦合的振子随时间的振动在整体上看作是波时,它就有意义了。此问题解的形式为

$$x_l = A_K \sin(lKa - \omega t). \quad (6.23)$$

对于真实的三维空间中分子甚至固体的振动,可以照方抓药。一个体系的振荡特性都在矩阵 M 中了。对角化矩阵 M,求出本征值和本征矢量,从而获得本征振动模式的信息。这就是处理耦合谐振子的标准程式。

6.2 起振与减振

一个有着本征振荡频率的体系,要振荡起来,需要外部的激励(excitation)[①]。强迫一个体系振动起来,有许多实际用处,比如可以用来弹棉花、打桩、做心肺复苏。在物理学上,受迫振动是个被广泛应用到的模型,比如电磁波照射下的原子、分子,其辐射行为就用受迫振动的模型来描述,有的物理学家甚至会信以为真。

对于一个振荡系统,起振的方式不外乎脉冲式的和连续式的。比如单摆,给它一个偏离平衡点的初始位置,或者一个初始速度,它就能摆起来。如果想让摆动持续,可以不停地以脉冲方式注入能量,使得振荡周期内的能量损耗(因为阻尼)与能量注入持平就能稳定地振荡下去,而如果后者偏小振荡就会逐渐停止,反之则振幅会逐渐增大。荡秋千就是遵循这样的策略,给心脏起振也是这个道理。激励也可以是连续的,按照前述受迫振动模型处理。

给某个特定体系的振动找到一个恰当的、有效的激励方式,是应用物理学的一个研究方向。从物理学的角度来看,就是给待激励的体系注入能量,那就要针对待激励体系的某个广延量(X)选择一个激发源的强度量(F),使得$[\gamma FX]$的量纲是能量,其中的γ是恰当的系数。比如,要让一块石英晶体振荡起来,可见的效果是其尺寸的伸缩,针对的广延物理量是它的电偶极矩P,外部起振的强度量是电场强度E。

在很多场合,需要的是减震[②]。大地偶尔会发生地震,地面上的存

[①] 也有所谓的自激励系统。
[②] 在汉语中,振动、震动不是完全可分辨的词。

在会随之摇摆。一些高大建筑为了避免晃动幅度过大造成坍塌,会在接近顶部的位置安装有专门的阻尼器,其实就是一个同大楼软连接(悬挂)的重物,其晃动会带动液体减振部件或者电磁减振部件。将整栋建筑当作一个受迫振荡系统,阻尼器贡献的就是方程(6.7)中的阻尼项 $\gamma \dfrac{\mathrm{d}x}{\mathrm{d}t}$。各种行驶中的车船,受外部环境影响其发生振动是不可避免的,尤其是野战车辆会颠簸得很厉害,减振(anti-vibration)就显得必不可少。各种武器平台为了减少振动(大多是自己引起的)对射击的扰动,也必须有减振装置。减振有多种可能的设计。电磁阻尼是让磁铁和金属(一般为铜)之间有相对运动,在金属中产生涡流(eddy current),从而把运动部分的动能转化为金属中的电流再转化为热给消耗掉。液体减震则利用液体从小孔中流过发生的阻力,将振动能量消耗掉。如果使用电流变液,还可以根据需要调节液体的黏度。减震器一般是针对性设计的。

有些场合需要隔振(vibration isolation),在振动源不受控制甚至是未知的前提下,实现不让外来振动驱动工作系统。光学实验平台或者扫描隧道显微镜这类精密仪器对振动扰动非常敏感,对隔振有非常高的要求,因而都有特别的、针对性的振动隔离装置。简单的光学平台隔振可由接触地面的气垫(橡胶垫)和置于其上的厚重钢板组成。气垫底部的地面振动引起气垫的振动,其顶部的振动再传给上面的厚重平台。因为气垫—钢板体系的本征频率与外来信号偏差较大,平台体系本身质量又太过庞大,故而平台受迫振动的振幅微乎其微,这就达到了隔振的效果。为了增强隔振效果,还可以采用橡胶垫—钢板的多层结构。现在还有主动式减震平台。将外来压力当作控制信号,由换能器主动产生一个反向的力把外来压力信号抵消,这样就把外部震动的影响消除在隔振平台的前端。

枪弹发火把子弹推出膛,枪膛内急速膨胀的气体会引起空气的振荡向外传播,就是所谓的枪声。为了隐匿枪声,要对枪管加消音器(muffler),其实就是不让爆炸的扰动传递给远处的大气。简单的消音器,其中心的中空管是对枪膛的同轴延长,让子弹顺利飞出,但是子弹后方膨胀的推进气体则会闯入中空管外侧的九曲回肠的路径(a longer and convoluted escape path),把膨胀的推进气体扰动外部大气的过程在时间上和空间上都给分散了,从而达到消音的目的。

6.3 机械波

原子链上的振子是分立的,振动局限在原子链构成的一维空间内。与之对应的是二维空间中弦的振动,可看作是连续的耦合振子,每一点的振动在与静态弦的垂直方向上。弦振动早在人类有数学、物理之前就被用来产生音乐了。考察一根两端固定、长为 L 的弦,其质量线密度为 ρ,弹性模量为 T。对中间位置为 x 的一段作受力分析,得到运动方程

$$\frac{\partial^2 y}{\partial x^2} = \frac{\rho}{T} \frac{\partial^2 y}{\partial t^2}, \tag{6.24}$$

其中,y 是在与静态弦所在方向相垂直的方向上的位移。这是比较典型的一类偏微分方程。引入量纲为速度的参数 $v = \sqrt{T/\rho}$,可以发现任何如下形式的函数

$$y = ag(x+vt) + bh(x-vt) \tag{6.25}$$

第六章 机械振动与机械波

都是方程的解。对于初始值问题，$t=0: y=\varphi(x); \partial y/\partial t=\psi(x)$，方程解的形式为

$$y=\frac{\varphi(x+vt)+\varphi(x-vt)}{2}+\frac{1}{2v}\int_{x-vt}^{x+vt}\psi(\zeta)\mathrm{d}\zeta。 \qquad (6.26)$$

如果是针对弦的受迫振动

$$\frac{\partial^2 y}{\partial x^2}=\frac{1}{v^2}\frac{\partial^2 y}{\partial t^2}+f(x,t), \qquad (6.27)$$

则针对上述初始值的解为

$$y=\frac{\varphi(x+vt)+\varphi(x-vt)}{2}+\frac{1}{2v}\int_{x-vt}^{x+vt}\psi(\zeta)\mathrm{d}\zeta+\frac{1}{2v}\int_0^t\mathrm{d}\tau\int_{x-v(t-\tau)}^{x+v(t-\tau)}f(\zeta,\tau)\mathrm{d}\zeta。$$
$$(6.28)$$

比较值得关注的是两端固定的弦的振动，即 $y(0,t)=y(L,t)\equiv 0$。取可分离变量的解的形式 $y=\varphi(x)\mathrm{e}^{\mathrm{i}\omega t}$，则满足边界条件的解为

$$\varphi(x)=\sin\left(\frac{n\pi}{L}x\right); \ n=0,1,2,3\cdots \qquad (6.29)$$

这个解的形式告诉我们，两端固定的弦，其允许的振动频率是某个基频 $\omega=\pi v/L$ 及其倍频；弦长度不同时会有不同的基频。这些知识在有物理学之前即已为人类所掌握。

一维弦振动又被称为波。波字从水从皮，说明这个字来自对水面扰动观察所见的现象。水的一个反常性质是表面分子密度比体内分子密度大，有足够大的表面张力，但又不是很大（20 ℃时水的表面张力约为 72 mN/m），这使得微风、小昆虫都足以扰动水面引起水波，故而水波也就成了一个人人熟知的现象，也就成了物理学的一个关键概念。物理学中到处都是波的概念，但在各处具体所指的内容却是非常不同的。谈

论波时,请用数学表达式。方程(6.24)是一维体系的横向波动方程。

实在的物理空间是三维的。一维弦有两个独立的自由振动方向,弦要拨;二维的面有一个独立的自由振动方向,鼓要捶;三维的体没有自由振动方向,它产生的机械波(振动)在它体内传播。在三维情形,波动方程为

$$\frac{\partial^2 \varphi}{\partial x^2} + \frac{\partial^2 \varphi}{\partial y^2} + \frac{\partial^2 \varphi}{\partial z^2} = \frac{1}{v^2}\frac{\partial^2 \varphi}{\partial t^2}。 \quad (6.30)$$

注意,虽然在(3,1)维时空中波动方程总是方程(6.30)的样子,但是解具有什么样的物理性质取决于波动的量 φ 是标量、矢量还是 2-阶张量。对于大气振荡来说,振荡的是大气密度 ρ,是标量;而对电磁波来说,振荡的是电磁 4-矢势 $\left(A_x, A_y, A_z; \frac{\varphi}{c}\right)$ 且还有规范条件。显然,声波与电磁波(见第七章)是截然不同的存在。对于标量的情形,方程(6.30)解的形式为

$$\varphi = A\mathrm{e}^{i(k \cdot r - \omega t)}, \quad (6.31)$$

其中 $\omega = |k|v$,这是所谓的色散关系。

在气体和液体中,波表现为纵波,即压缩波。波速为 $v = \sqrt{K/\rho}$,其中 K 是介质的体弹性模量。对于空气,波在其中的传播速度,即声速,为 $v \approx 343$ m/s。这是一个具有重要技术意义的参数。将声速当作速度单位,以奥地利物理学家马赫(Ernst Mach, 1838—1916)的名字命名,则速度就被表示成了马赫数。空气中的声波相比于水波,很单纯。对于在空气中飞行的物体,声速本身是个临界点,超音速和亚音速飞行引起的空气动力学行为(比如空气动力学拖曳)是不同的。飞行物体会

第六章 机械振动与机械波

根据自身的设定飞行速度相应地选择适当的几何,针对亚音速圆头设计的阻力小,而针对超音速尖头设计的阻力较小(图6.4)。

水波是个具有特别意义的波动现象,是任何海军强国必须认真深入研究的对象。这里谈论的水是个有限空间,水面(一侧是空气,一侧为水)、水体(四周都是水)和水底(一侧为水,一侧为大地)处的波动行为是完全不一样的,而且重力因素也在其中扮演重要的角色。水面舰只激发的水波和潜艇、鱼雷之类激发的水波不是一回事儿。关于水面附近的水波——浅水波——的研究是个专门的领域。浅水波的方程,不是方程(6.30)那样的齐次方程,而是具有非线性项,比如Boussinesq方程

$$u_{tt} - u_{xx} - \left(\frac{1}{2}u^2 + qu_{tt}\right)_{xx} = 0。 \tag{6.32}$$

此外还有KdV方程等。浅水波会出现一些奇特的现象,比如孤立波。孤立波就是在船头激起的水波中发现的,是一种出现在行驶的船头、速度超过船速的单峰扰动,实际上是非常普遍的现象。水下的波动除了考虑重力效应,对于海水还要考虑密度、黏度的变化。实际的水波问题太复杂,无法深入介绍。声波和水波的研究都有专业的研究所。

图6.4 飞机会根据自身的速度设定选择不同的几何设计。
左图:亚音速货机,圆头;右图:超音速战斗机,尖头

6.4 船头航迹

前述提到孤立波是出现在船头的一种特殊波动现象。实际上,船头波,bow wave,也叫 bow wake(船头航迹,船迹①),是专有概念。给水面上的一点加扰动,水波成环形向周围扩散。当水面物体前行速度大于水波的传播速度时,会形成锥形的冲击波前(conical shock front),在物体后面留下 V-形的航迹(bow wake 的说法即来源于此)。由于水表面波的波速很小,甚至小于 2 m/s,水面的禽鸟很容易实现以超过波速的速度游动,故而船头航迹很容易被观察到(图 6.5)。

图 6.5　鸭子引起的 bow wake 现象

空气中的冲击波(shock wave)是 bow wake 现象的一种。高速飞行的物体,其前端空气被挤压,尾部则是负压区,当物体飞过后被扰动的气压试图恢复平衡,就表现为一个波源。当飞行物体的速度接近甚至超过音速时,这些波会被挤压到一起,形成冲击波,表现为音爆(sonic boom)。20 000 米高空中,音爆依然存在。其实,实现超音速飞行很

---

① bow wake,翻译成尾迹不太合适,这个现象应从介质中运动物体的头部算起。wake 强调渐弱。

第六章 机械振动与机械波

难,实现短暂的超音速运动还是容易的。鞭梢的速度常能超过声速,引起音爆,让人听到一声炸响[①]。音爆是连续的,出现在以超音速飞行物体为顶点、以其飞行方向为对称轴的锥体(马赫锥)内,锥角为 $\alpha = \arcsin\left(\dfrac{v_s}{v}\right)$,其中 v 是飞行物体的速度,v_s 是音速。音爆本身可以作为对地打击武器,苏联的 M25 攻击机就是使用音爆的飞机。此外,音障(sonic barrier)是空气动力学拖曳以及其他效应突然增加时出现的现象。飞机接近音速时,就会遭遇音障(图 6.6)。

图 6.6 飞机突破音障时的景象

冲击波不是常规的声波,它的特征是介质的压强、密度或温度有骤然变化(sharp changes),但经过一定距离传播后会衰减为常规的声波。高速飞行物体、爆炸都可以引起冲击波。在液体中用电加热将液体迅速汽化,或者利用压电陶瓷迅速引进大的力学扰动,都可在液体中产生冲击波。利用流体压缩技术把高能声波加载到高速推进的流体上,能令高速推进的流体带有高能声波的特性。谈论冲击波时,领域专家常会提及熵这个物理量,这表明冲击波不是仅作为力学对象对待的,它是

[①] 笔者儿时的乐趣之一是自己用苘麻搓制鞭子。

个非平衡态的热力学问题。笔者对相关细节不熟,故无力深入讨论。

比实现超音速运动更难的是实现超光速运动。真空光速是物理速度的极限,但是在介质中,比如在用于测量基本粒子的重水中,光速约为 $\frac{3}{4}c$,从原子核内部放射出来的粒子,其速度有可能超过这个速度。带电粒子若速度超过介质中的光速,其即便在匀速运动时也会发光,这就是所谓的切伦科夫(Пáвел Алексéевич Черенкóв,1904—1990)辐射,辐射能量随频率和空间距离的分布由 Tamm-Frank 公式

$$\frac{\mathrm{d}^2 E}{\mathrm{d}x\mathrm{d}\omega} = \frac{q^2}{4\pi}\mu(\omega)\omega\left(1 - \frac{c^2}{v^2 n^2(\omega)}\right) \quad (6.33)$$

给出。从公式看,频率越大的部分能量越高,故而切伦科夫辐射看起来是偏蓝色的。切伦科夫1934年注意到水中铀盐呈现淡蓝色,他从水中铀盐的辐射的各向异性,判断蓝色的闪光不是荧光现象。发生切伦科夫辐射时,由于带电粒子速度大于介质中的光速度,故而也有 bow wake 现象。

6.5 振动与波的探测

对振动与波的探测,机理自然是让振动作为驱动因素在探测设备里产生一个可记录的信号,这个信号可以直接可见、可听,或者作为数据被仪器研判。波动在数学上表现为一个时空函数 $f(r,t)$;在探测器所在位置上它就表现为 $S(t) = f(r_0, t)$,是一个时间序列(time series)。如何从这样的时间序列信号中得出波源的特征,是专门的科学。但必须注意,一般情形下由时间序列 $S(t) = f(r_0, t)$ 不能反演出产生波场 $f(r,t)$ 的波源的全部信息,极限情形下很可能几乎得不出波源的任何信息。多点布置探测器,得到一组时间序列,$f(r_1, t)$,$f(r_2, t)$ ……

$f(r_n,t)$,加以比对研判,或许不完全是于事无补[①]。

一些动物是能感知微弱振动的,比如蛇对大地的微弱振动就很敏感。大型动物一般都发展出了声波探测能力(听觉),甚至其探测器外缘(耳廓)还有方向动态选择的功能。可从耳朵的结构理解声音探测原理——这是使用科学仪器的人需要熟悉的一个原型(prototype)。外来声音引起的空气振动,在外耳部分被一定程度地聚拢,引起鼓膜的振动(即波转化为振动的时间序列信号),鼓膜振动传递给三块听小骨组成的听骨链,然后传递给内耳的耳蜗[②],再通过蜗神经转换成神经信号,由大脑诠释为听到了某个声音,以及思考判断这个声音意味着什么,声音的源是个什么家伙,如何反应,等等(图6.7)。

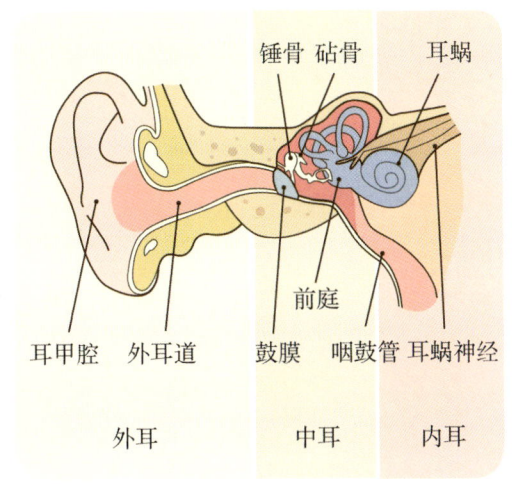

图6.7 从人耳的结构可直观了解听觉机理

---

① 对于原理上不可能的事情,比如确定波源的动力学过程,那就无能为力了。"双眼自将秋水洗,一生不受古人欺。"(袁枚《随园诗话》)

② 笔者见识少,没有读过关于耳朵结构从物理、从仪器角度的研究与理解,比如为什么会有蜗牛形的耳蜗,力学振动信号是如何转化为神经信号(电生理信号)的,相应的物理量有多大,等等。应该有这方面的研究。

仪器都有自己的动态响应范围。人耳敏感的声波频率约在 20 Hz—20 kHz 之间，峰值部分约在 2—3 kHz 之间[①]。老化的人耳先损失的是对高频部分的响应能力（就仪器来说，探测器中毒是常有的事儿）。人类习惯根据自己的探测能力划分外部信号，会把频率低于 20 Hz 的声音归于次声波（一般划到低至 0.1 Hz），频率高于 20 kHz 的声音归于超声波。超声波、次声波是根据人类听觉特征定义的，大自然中能发出超声波的动物有的是，如某些蛙类、蝙蝠等。发出超声波者自然其听觉是与其匹配的。听觉容易实现的功能是定位（听声辨位）。注意，声波源发出的声音一般来说是断续的，如蟋蟀的叫声，而如果声音探测器是多面板（multi-panel）那样的，能得出声音强度、相位的差分信号，定位功能就更强。

水波不同于空气波。探测水波要用声呐设备。sonar（声呐），是 sound navigation and ranging（声音导航与测距）的缩写。空气波、水波，都是机械波，探测就是用它的振动着的物理量，压强，（最终）在某种材料中引起一个可记录电信号，然后转换成数据或者图像信号。声呐一般有个敏感的压电型水听器（hydrophone），这里的关键材料是压电陶瓷。在压电陶瓷上，压力可以转换成电信号（压电效应）用于波的探测，反过来电信号可以转换为陶瓷的形变（反压电效应），在外部介质中引起振动的传播（图6.8）。利用反压电效应可以方便地产生各种强度、频率的声波。通过探测反射回来的可控声波，定位（echo-locating）

[①] 我猜测这和地表大气的物理参数与动力学有关。另外，不同生物关注的声音频率范围可能略有不同，也会根据外部环境调整。

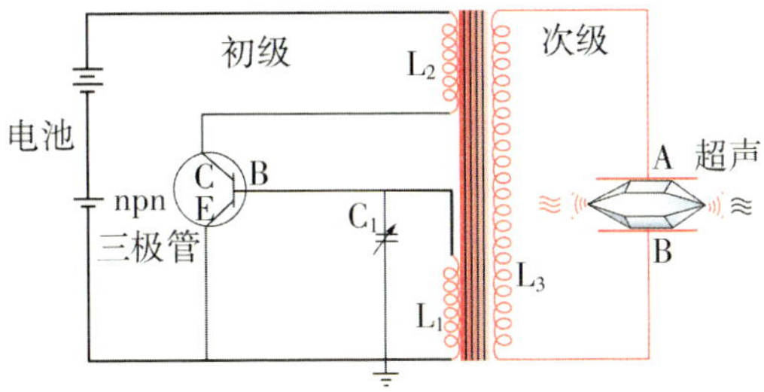

图 6.8 振荡电路在压电陶瓷上产生振动作为超声波源

会比较有效、可靠。

主动式声呐自己发射声波,强度、时长、频率(组合)等特征可以自己掌握,探测器可以采用针对性的设计,故而能更有效地探测。不好的地方是,它这时自己反而成了个好炫耀的声源。潜艇进入攻击状态时会关闭所有的设备,让海水的背景噪声淹没它的所有振动特征。水波的学术与技术问题都比较复杂,浅水波、深水波、海底水波各有发生机制不同,不同成分的海水对水波的传输行为也完全不同。

就深海水波的速度而言,水波的速度会受盐度、深度、温度等因素的影响,速度约在几十米每秒、几米每秒的量级。

6.6 声波武器与声波通讯

探测器必须暴露于外来信号之下,它也是最容易被毁伤的。探测器毁伤是一种特殊的攻击方式。人眼与耳朵都是天然的探测器,在战场环境下容易被攻击、毁伤。眼睛接受光,当光波长小于 400 nm 时,单个光子即足以对眼睛造成伤害;若强度足够,波长大于 400 nm 也会造成伤害。声波不存在单量子对耳朵造成伤害的问题。当外来声波强度足够大时,不管其频率是否在 20 Hz—20 kHz 的可听见声音的范围内,都会对耳朵以及其他器官造成损害。强度在 120 dB（分贝）以上的音量会让人感到不适、晕眩，140 dB 足以造成永久听觉伤害，155 dB 的声音就已经有热效应了，180 dB 以上的声音则是致命的。由于声波造成伤害是通过受迫振动，而器官对固有频率附近的振动更敏感，20 Hz 以下的次声波会引起心脏、眼球的振动，故而有次声波武器的说法。

声波是靠空气振荡传播的密度波，声波遇到密闭环境一样会强迫其跟着振动，抗不住振动幅度之大的物体则会被摧毁，故而声波是有效的毁伤武器。声波武器（sonic weapon）的关键是如何获得一定聚焦效果的声波。不过，由于声波攻击距离有限，方向选择性差，故声波武器更多的是警用武器。有趣的是，虎鲸这种动物都知道通过协同运动获得定向水波冲击波作为捕食工具（图 6.9）。

图 6.9　虎鲸通过协同运动激发水波

第六章　机械振动与机械波

声波武器利用的介质是空气,那是无尽的资源,所以声波武器是相对经济的武器。将声波武器用作吓阻手段或者进攻武器,不需要弹药,却有战略重要性,在技术上、财力上是可行的。可以将声波武器打造成新的战略武器,使之成为我军武库中不可或缺的一部分。

波动都可以用来传输信息。由于海水对电磁波的强烈吸收,深海水声通讯在海洋开发与观测中就显得极为重要,也具有极大的军事意义。低频声波(~4000 Hz)在水中的传播损耗较小,当前实现的最大通讯距离可达上千公里。海水成分复杂,海洋中存在各种时空尺度的动力过程,海面上还有波浪的上下起伏,水声通讯面临多普勒变化快、环境突发噪声大以及发射功率受限等挑战,实现可靠的水声通讯难度很大。但是,经过科学家多年的努力,目前水下通讯已实现了图像传输。我国的"蛟龙"号载人潜水器就实现了万米深海垂直水声图像传输。

6.7　声波多普勒效应

1842 年,奥地利人多普勒(Christian Johann Doppler, 1803—1853)用源—接收者之间的相对运动引起频移解释了双星的颜色问题,遂有了多普勒效应(Doppler effect)。多普勒效应指的是由于波源兼或观测者的运动而引起的波频率的改变。声波的多普勒效应由荷兰气象学家巴洛特(Buys Ballot, 1817—1890)于 1845 年发现。由于声波是介质的振荡产生的,故而声波的多普勒现象取决于到底是源、是接收者还是两者都相对于传播介质运动了(图 6.10)。声波的速度为 340 m/s。利用声波的多普勒效应,可以检测低速运动物体的速度,比如车辆的运行速度(30 m/s 量级)。光因为没有参照物,传播无需介质,故其多普勒效应与声波的多普勒效应不同,见第八章。

波在介质中的传播速度为 $v=f\lambda$,是由介质的物理量决定的,与源相对于介质的运动状态无关。设观测者不动,声源的运动速度为 $v_s<v$,则声源朝向观测者时,观测者测到的频率为

$$f'=\frac{v}{v-v_s}f;\qquad(6.34\text{a})$$

声源离开观测者时,观测者测到的频率为

$$f'=\frac{v}{v+v_s}f_\circ\qquad(6.34\text{b})$$

与此相类似,设波源不动,观测者速度为 $v_o<v$,则观测者朝向声源时,观测者测到的频率为

$$f'=\frac{v+v_o}{v}f;\qquad(6.34\text{c})$$

观测者离开声源时,观测者测到的频率为

$$f'=\frac{v-v_o}{v}f_\circ\qquad(6.34\text{d})$$

然后就是波源和观测者都相对介质有运动的四种组合情形:观测者靠近波源靠近,

$$f'=\frac{v+v_o}{v-v_s}f;\qquad(6.34\text{e})$$

观测者远去波源靠近,

$$f'=\frac{v-v_o}{v-v_s}f;\qquad(6.34\text{f})$$

观测者靠近波源远去,

$$f'=\frac{v+v_o}{v+v_s}f;\qquad(6.34\text{g})$$

观测者远去波源远去,

$$f' = \frac{v - v_\text{o}}{v + v_\text{s}} f。 \tag{6.34h}$$

改变观测者的速度,测量远方声源的频率,可以迅速确定运动声源的运动速度(矢量)。这就是声学多普勒雷达的原理。由于声速 $v = 340 \text{ m/s}$,加之我们关切的速度,特别是战场上器械的移动速度,同声速可相比拟,加之如今有强大的数字信号处理能力,故声学多普勒效应容易被观测到。

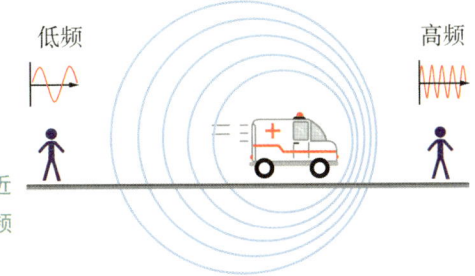

图 6.10 多普勒效应。声源靠近时频率变高,远离时频率变低

6.8 结束语

振动与波都是自然现象。对振动与波的处理是经典力学的入门学问,从纯学术的角度看,非常扎实、可靠。基于对振动与波的认识,人类已经可以熟练地、有目的地进行起振与隔振,激发机械波或探测机械波,将相关技术用于民用和军用目的。战争是在空中与水中进行的,因此声波、水波不管是作为运动、爆炸引起的次级现象,还是作为主动施为的可用于攻击、定位或者通讯的手段,都具有举足轻重的军事意义。声波、水波是相对经济的武器,有成为新的不可见战略武器的潜力,应该成为我军武库的重要组成部分。顺带说一声,就振动与机械波这类

经典问题而言，其学术研究或许已是相当充分，但是其应用研究还有无尽的潜在价值，应当引起足够的重视。

参考文献

1. H. J. Pain, *The Physics of Vibrations and Waves*, Wiley（2005）.
2. Eugene I. Rivin, *Passive Vibration Isolation*, ASME Press（2003）.
3. A. P. French, *Vibrations and Waves*, W. W. Norton & Company（1971）.
4. Peter Hagedorn, Anirvan DasGupta, *Vibrations and Waves in Continuous Mechanical Systems*, Wiley（2007）.
5. Karl F. Graff, *Wave Motion in Elastic Solids*, Dover（1975）.
6. Vassily M. Babich, Aleksei P. Kiselev, *Elastic Waves: High Frequency Theory*, Chapman and Hall/CRC（2018）.
7. Warren P. Mason, *Properties of Gases, Liquids, and Solutions: Physical Acoustics*, Academic Press（1965）.
8. R. S. Johnson, *A Modern Introduction to the Mathematical Theory of Water Waves*, Cambridge University Press（1997）.
9. Ingemar Kinnmark, *The Shallow Water Wave Equations: Formulation, Analysis and Application*, Springer（1986）.
10. James Lighthill, *Waves in Fluids*, Cambridge University Press（1978）.
11. Akihiro Sasoh, *Compressible Fluid Dynamics and Shock Waves*, Springer（2020）.
12. P. L. Sachdev, *Shock Waves and Explosions*, Chapman & Hall/CRC（2004）.
13. Peter O. K. Krehl, *History of Shock Waves, Explosions and Impact: A Chronological and Biographical Reference*, Springer（2009）.

第六章　机械振动与机械波

14. G. N. Afanasiev, *Vavilov-Cherenkov and Synchrotron Radiation*, Kluwer Academic Publishers (2005).
15. Jerry H. Ginsberg, *Acoustics-A Textbook for Engineers and Physicists*, two volumes, Springer (2018).
16. Daniel R. Raichel, The *Science and Applications of Acoustics*, Springer (2000).
17. L. M. Brekhovskikh, Yu. P. Lysanov, *Fundamentals of Ocean Acoustics*, Third edition, Springer (2003).
18. J. Hall (ed.), *Principles of Naval Weapons Systems*, Naval Institute Press (2006).
19. Colin McInnes, G. D. Sheffield (eds.), *Warfare in the Twentieth Century: Theory and Practice*, Routledge (2021).

第七章

电磁学

> Nothing is too wonderful to be true,
> if it be consistent with the law of nature.
> —— Michael Faraday[①]

摘要 电磁现象是大自然中可观察到的现象,电磁作用同引力一样是长程力。由电磁现象发展出了电磁学、电动力学等物理分支,电力带来了第二次工业革命。电力可以远程操控。电磁感应可用于金属探测,可用于实现机械—电信号转换,后者实现了电话和有线广播等技术。基于洛伦兹力、有质动力等电磁力的存在,电磁技术可以用于电磁推进、电磁弹射和电磁拦阻。存在电磁波,基于电磁波人类开发了无线通讯技术以及雷达技术。雷达可用于定位、测距和测速,有源相控阵雷达可以锁定和引导攻击多个目标。

关键词 电,磁,电荷,电流,电磁感应,电话,电报,金属探测,电磁推进,等离子体推进,电磁炮,电磁弹射,电磁拦阻,电磁波,雷达,多普勒效应,光电效应

---

① 只要符合自然规律,没啥会因为太神奇而不可成真的。—— 法拉第

7.1 电磁现象简介

电、磁现象都是自然现象。地球整体上有磁场[①],土里有自带磁性的矿石;磁铁矿石对铁的吸引让人类注意到了磁的存在。magnet(磁石)的字面意思是 stone of Magnesia[②]。不算巧合的是,我国河北省最南端靠近河南省的地方有磁县。两块磁体之间总可以表现出相吸**和**相斥的行为。大自然中有自己带电并利用放电捕食的生物,如电鳗,但不易从同电鳗的交往中认识到电现象。人类是从摩擦带电物体吸引(电中性)小碎屑的现象才注意到电的存在的,进而发现不同带电物体之间可以表现出相吸**或者**相斥的行为,故将电分为玻璃电(vitreous electricity)和琥珀电(resinous electricity),后来称为正电和负电。此外,大自然中还存在放电行为,如闪電[③]。中文的"電"字,从雨,指的是发生雷"電"时的光,对应的是英语的 lightening,而非现代意义下的电,对应英语的 electricity。electricity,来自吉尔伯特(William Gilbert,1544—1603)1600 年造的 electricus 一词,词根是琥珀,意思是摩擦琥珀产生的东西。再后来有电荷(electric charge),就是加载到琥珀上的东西。electricity, electric charge,字面上都比较含糊,我们关于它们的认识是后来逐步得到和深化的。比如,认识到 lightning is electricity(闪"電"是电现象)就是电磁学历史上的一大事件。

电、磁以及放"電"(伴随发光)都是大自然中固有的现象。1820

[①] 来自宇宙的高速带电粒子在地磁场中螺旋式前进,会引起极光现象,客观上保护了地球上的存在。

[②] Magnesia,古代地中海东北部的某个地名。

[③] 为了遵从原义,故意用的繁体字。

第七章 电磁学

年,丹麦科学家奥斯特(Hans Christian Ørsted,1777—1851)发现了电流影响磁针的现象,即电流可以产生磁效应。1831 年,法拉第(Michael Faraday,1791—1861)发现了电磁感应现象:在通电线圈中运动的线圈里产生了电。有了感应生电,可以连续发电,电磁学研究与应用从此得到了迅猛发展,人类社会也进入了以电的应用为标志的第二次工业革命。在学术意义上,统一了电、磁现象后有了电磁学。1862 年前后,麦克斯韦(James Clerk Maxwell,1831—1879)总结了当时的电磁学研究成果,引入了位移电流的概念,得到了划时代的麦克斯韦方程组(确切地说是在 1865 年),进而用电磁势得到了波动方程,于是有了电磁波的概念。据信在一次讲述他的方程组的时候,麦克斯韦发现电磁波动方程中的波传播速度与当时测到的光速差不多,于是提出了光是否也是电磁波的疑问。1887—1888 年,赫兹(Heinrich Hertz,1857—1894)用振荡电路验证了电磁波的存在。在接下来的 19 世纪最后几年,斯托尼(George Johnstone Stoney,1826—1911)于 1891 年命名了带电的基本单元即电子(electron),洛伦兹(Hendrik Antoon Lorentz,1853—1928)于 1895 年给出了电磁场中电荷的受力公式的最终形式,1895 年伦琴(Wilhelm Conrad Röntgen,1845—1923)偶然发现了 X 射线,1897 年电子被汤姆孙(Joseph John Thomson,1856—1940)从实验上确认。电动力学成长为物理学的一个重要分支。

顺带说一句,大自然存在四种基本相互作用,其中的强、弱相互作用是短程力,作用在原子核的尺度上。电磁相互作用和引力一样都是长程力,无远弗届。然而,与引起引力的质量不同,电荷是一种极性存在,存在正、负两种电荷(图 7.1),故而电磁场是可以被屏蔽的。这是

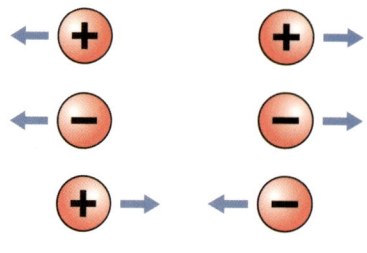

图7.1 电荷是极性的存在。同性电荷相斥,异性电荷相吸

电磁相互作用与引力不一样的地方。电磁现象更复杂、更有趣,能带来更加意想不到的应用。电、磁和电磁波(光)这些现象及其背后物理的发现,给人类社会带来了深刻的变化,这个变化自然也体现在军事活动中。人类战争的规模、烈度因此被提升到了亘古未有的层次。整个20世纪人类经历了两次世界大战和一场卷入几乎全部重要国家的冷战,这其中如果稍加考察的话,会发现电磁技术是主角。

7.2 电磁现象的简单应用

与电、磁相关的物理、技术与器材在战争中无可置疑地找到了诸多巧妙的、崭新的应用。电的应用之一是电流会引起发热。电流通过一个大小为 R 的电阻,其发热功率为

$$w = \frac{1}{2}RI^2 。 \tag{7.1}$$

电阻上的高温可以引火。此外,将高电压加到金属针尖上,针尖处的高电场若能击穿空气(所需电场强度约为 26 kV/cm),就会打出火花。这两种方式都可以用作武器的点火装置。如果一个电路开始时是断开的,当外部因素,比如水压,达到一定阈值时电路合上,则导通的电路可能引爆电雷管,进而引爆炸药。由于水压同水深成正比,这样通过调节电路开关的设置可以调节接通电路时的水深,从而可以精确控制深水炸弹(depth charge)的工作水深。

第七章　电磁学

电的一个特点是效应传输快,电场的传输速度就是光速。对于有线线路来说,电信号的传输可以看作是瞬时到达的。因此,当电信号能够可靠提供时,人们自然将之用于通讯。电报是第一个电气工程(electrical engineering)案例。在传递信息方面,在18世纪中叶,就有用单根导线上的静电信号表示字母以传递文本的尝试。1835年,美国人摩尔斯(S. F. B. Morse, 1885—1969)成功开发了有线电报,为此对英文字母以及其他字符进行了编码,即所谓的摩尔斯码,远端接收到电码后再翻译成文本。1844年,摩尔斯成功发出了世界上第一封电报。有线电报直到20世纪60年代还有少量应用。利用电信号的通讯技术的军事意义是极大地拓展了指挥系统与前线作战单位之间的距离,也极大地扩展了战场的时空尺度与战争规模。利用电信号远程工作的一个关键是1835年发展出的继电器(electrical relay)概念:传递信息只需弱信号即可。弱信号传递到远方仅作为指令,而接收到信息以后的具体响应,比如需要大电流驱动线圈产生强磁场干活,则由当地的另一套电路另行提供。

如果将声音转化成电信号,电信号迅速传到远方再转化为声音信号,就能实现远程对话,这就是电话(speaking of telegraphy, telephone)的原理。电话专利出现于1876年。电话的关键是声音(机械振动)和电信号之间的转换,利用的是电磁感应现象。麦克风,在电话那里是听筒,它的关键部件是声—电转化器件。声音激发膜片振荡,膜片连着环绕永磁体的一个线圈,线圈的运动感应出电信号,传递到远方。反过来,远方来的电信号加载于置身永磁体磁场中的线圈上,电流的大小改变会引起线圈带动纸盆(paper cone)的振动,从而把信号转化成声音

(图7.2)。电话发明后,自然被用于军事目的。第一次世界大战期间,电话就得到了普遍应用。然而,因为是有线传输信号,有限的架线能力以及线路易遭受破坏的特点,战场上有线电话的用途相当有限(图7.3)。

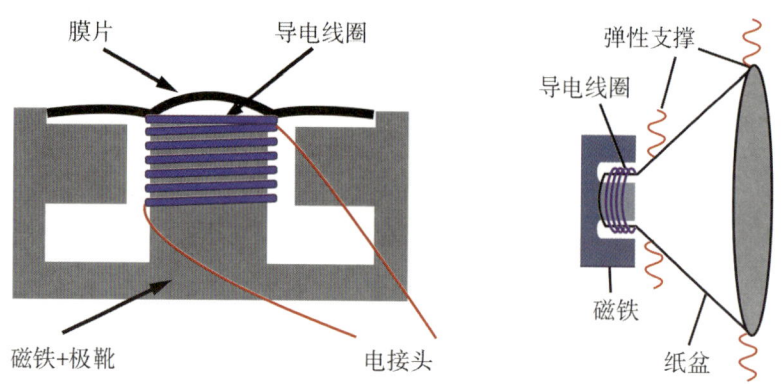

图7.2 麦克风与扬声器,一对基于电磁感应现象的反向运行的简单电机

图7.3 老式电话。第一次世界大战中电话即得到了广泛的使用

第七章 电磁学

磁现象的发现是因为我们的地球有磁场,一些天然矿石是磁性的。地球的磁感应强度(又称磁通量密度)约为 0.5 Gs(高斯),这个单位得名于数学家、物理学家高斯(Carl Friedrich Gauss,1777—1855)。高斯是个很小的单位,另一个单位为特斯拉(T),得名于发明家特斯拉(Nikola Tesla,1856—1943),1 T = 10 000 Gs。一般的钕铁硼磁铁($Nd_2Fe_{14}B$,四方晶系),其剩余磁感应强度可高达 1 T。如何获得强磁场是一个极具挑战的物理学难题,当前能实现的脉冲强磁场,最高可达 100 T。当代的电子学器件中会以各种形式用到各种不同强度的磁体。

一些简单的磁现象同样得到了广泛的军事应用。磁铁同磁性材料之间会相互吸引。将一些炸弹、水雷、鱼雷带上磁性,则对于常见的用钢铁等磁性材料制成的装备,炸弹可以牢牢地吸附上去,而水雷、鱼雷则是主动靠上去。因此,为了减小碰上磁性水雷、鱼雷的机会,舰船一般有消磁(demagnetization)这道工序。

根据电磁感应定律,一个 N 匝的线圈,横截面积为 S,遭遇磁场变化时感应电压为

$$\varepsilon = -NS\frac{dB}{dt}。 \tag{7.2}$$

这个电压在电路中引起的电流可以被用作探测信号。最简单的金属探测器利用线圈中的振荡电流所产生的交变磁场,交变磁场接近金属,因为金属中存在传导电子,会在金属中产生涡电流。涡电流会产生一个变化的磁场,这个磁场可以被探测器中的另一线圈感知到,这样就达到了探测金属的目的,其军事用途之一是探雷(图 7.4)。当然,这样的简单设施不太能区分不同的金属,甚至容易被金属矿石所干扰。一个改

进方案是让线圈中的交变电场在 3—100 kHz 之间可调,因为不同的金属对交变电流的相位响应不同,低频倾向于对导电率高的金属更灵敏,故可以大致分辨一些金属。现代电子技术让金属探测器的改进有了更多可能。比如,可以使用强大的脉冲电流而非均匀的低频交变电流。如果脉冲电流产生的电磁场覆盖范围内有金属,因为金属中产生的涡电流的影响,探测线圈中的脉冲电流的衰减行为相比无金属的情形要慢,因而会被电子电路检测出来。

图 7.4　探雷器:其显著特征是用来产生交变磁场的线圈

7.3　洛伦兹力与电磁推进

7.3a　洛伦兹力

电磁学来自对带电体或者磁体会施加力作用于其他物体之现象的观察研究。电荷在电磁场中会感受到电磁场施加的作用力,称为洛伦

兹力,其表达式为

$$F = q(E + v \times B)。 \quad (7.3)$$

此公式是一个漫长研究过程的结果,到 1895 年才得到最终形式。公式中的 q 是电荷,是一个极性的标量。记住,带一个基本电荷的电子作为基本粒子是迟至 1897 年才被确立身份的。由公式(7.3)可见,洛伦兹力由两项组成,一项为 qE,这是电场施加的力,与电场矢量 E 共线;另一项为 $qv \times B$,依赖于磁感应强度 B[①] 和瞬时速度 v。在宏观层面,也是在有公式(7.3)之前,人们更关切磁场中通电导线的受力,

$$F = lS\rho v \times B = lI \times B, \quad (7.4)$$

其中 ρ 是电荷体密度,l 是导线在(均匀)磁场中的长度,S 是导线的横截面积,$I = S\rho v$ 是导线上负载的电流。此情境下的洛伦兹力也被称为拉普拉斯力。如果磁场足够强,处于磁场中的物体上流过的电流足够大,则这个物体会遭遇一个很大的拉普拉斯力,从而被磁场加速。此可作为电磁轨道炮、电磁弹射或者拦阻的工作原理。在实际应用设计中,磁场可以是由流过物体的电流自身产生的。

7.3b 离子推进与等离子体推进

公式(7.3)中的第一项 qE 是电场力,欲利用该作用力就需要有宏观量的静电荷。大自然中的固态和液态物质一般来说都是电中性的,也不易实现带上宏观量净电荷的局面;与此相对,气体可以电离而为等

---

① 初等电磁学中会把 B 当成一个矢量处理,但它不是矢量,而是一个和矢量对偶的量。

离子体,能够产生大量的、一定程度分离开的净电荷,可以进一步地探索利用 $F = qE$ 的可能性。当前已有基于该现象的离子推进器(ion engine, ion thruster)、等离子体推进器(plasma thruster, plasma propulsion engine)进入了实用阶段。

将气体电离,会得到气体放电(gas discharge),这是等离子体这种物态比较接近我们生活的一种。处于放电状态的气体是个十分复杂的物质体系,包括中性分子,其中许多是处于高激发态的,带正电的或带负电的离子,带负电的自由电子,此外还有光。电子比离子具有更大的运动速度,因此在气体放电靠近电中性物质的地方会出现离子密度偏大的等离子体鞘(plasma sheath),使得等离子体相对于电中性的表面处于高电位,这样从等离子体往外流失的离子流和电子流才是平衡的,才能维持等离子体的整体电中性——否则等离子体就熄火了。将离子用静电方式定向加速,即让离子通过处于高电位的格栅,通过格栅后离子被用电子加以中和(未中和的离子会被高电位的格栅吸引,会减速),然后自由扩散到空间从而通过反冲起到推进的作用。离子推进消耗气体和电能,目前离子推进实现的离子速度约在 20—50 km/s,推力不过 200 mN 的水平。在实验室运行没有供电限制的前提下,有的离子推进器推力可达 5 N。由于推力较小,离子推进多用于卫星姿态调整,空间探测器的推进等。离子推进器的典型结构如下:在有磁场的腔室内充入易离化的气体如氩气、氙气,用电子枪发射电子轰击气体,引起气体放电形成等离子体。在腔室的一侧有开口,开口有前正后负的两个格栅电极,进入这个区间的带正电的离子会被加速。加速穿过带负电压格栅的离子要被低能电子中和,以高速喷射出去(图 7.5)。注意,带负电压的格栅电极一侧对离子加速,在另一侧必然会对离子减速,未充分减速的离子若被中和就能免遭减速过程得以保留部分动能,才能作推进用。由此,也就容易理解离子推进的推力水平为什么较小了。格栅上的电压可配置为高的正电压(比如 1 kV)和小的负电压(比如 -0.2 kV),而带负电压的格栅还有防止外部电子回流进入等离子体部分的功能。

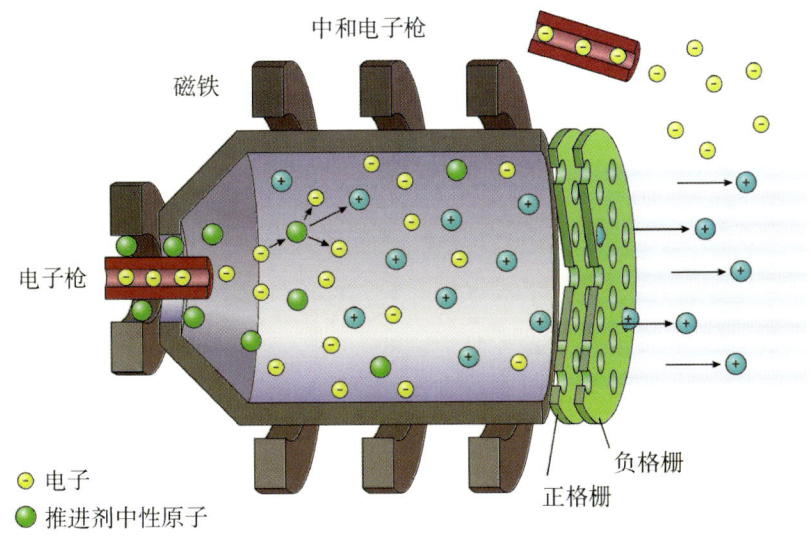

图 7.5 离子推进装置示意图。电子枪引发处于磁场中的气体放电,形成等离子体。开口处加正电压和负电压的格栅电极将离子引出,被中和电子枪发出的电子中和了的高速离子变成中性原子继续高速喷出,起到推进作用

一种不使用格栅电极的设计是所谓的霍尔推力器(Hall-effect thruster),采用轴向(为气流方向)电场加径向磁场(100—300 Gs 量级)的设计。气体从底部注入离化室,同绕磁场运动的电子(能量 10—40 eV)碰撞形成等离子体,在轴向有不足 1 kV 的电压对离子加速。大部分的

电子会在电场和磁场的共同作用下形成霍尔环流(circulating Hall current)[①],电子同气体碰撞维持等离子体的产生。被阴极加速了的带正电离子越过阴极被电子枪中和,从而获得净推力。霍尔推力器推力与功率有关,1.5千瓦级的推力不足100 mN。最近有百千瓦级霍尔推力器设计的报道,喷气速度最大可达10—80 km/s,比冲为1000—8000 s,但绝大多数型号其喷气速度在15—30 km/s,比冲为1500—3000 s。

使用电场加速电荷,对带正电的离子和带负电的电子作用相反,有需要高压电极、离子会刻蚀电极、需要中和装置、使用惰性气体故而工质选择少等问题。与此相对,如果对等离子体进行加速,在加速过程中等离子体的电中性得以保持,就可以避免上述问题(当然又会带来自身特殊的问题需要克服)。多种等离子体推进方案在研究或使用中。举例来说,一种方案是磁等离子体动力学推进(magnetoplasmadynamic thruster)。将气体离化成等离子体,等离子体流过强磁场区域时会被通过电流,从而借助洛伦兹力加速。这种方式获得的出口速度可达110 km/s甚至更高。另一种策略是利用ponderomotive force[②],这是一种由振荡电场梯度引起的力,

$$F_p = -\frac{e^2}{4m\omega^2}\nabla(E^2),\qquad(7.5)$$

---

① 从 Edwin Hall(1855—1938)而得名。
② ponderomotive 是在19世纪末由西尔维纳斯·汤普森(Silvanus Thompson,1851—1916)仿照 electromotive 所造的一个词,词根是 pondus(重物),本义让重物动起来。ponderomotive force 可同 electromotive force, magnetomotive force 相对照理解。汉译"有质动力",值得商榷。

第七章　电磁学

其中 ω 是振荡频率。这个力对正负电荷的加速方向是一样的,都是朝着电场减弱的方向,故而可将等离子体整体加速。实用设计中,在加速段还会叠加一个磁场梯度。这是一种无电极推进策略(图 7.6),无须高压电极和中和枪。

此部分内容要求有基本的等离子体知识,确切地说是关于气体放电的知识,感兴趣的读者请参阅相关专著。

图 7.6　等离子体推进器喷出的等离子体羽辉

7.3c　电磁弹射

提高射程一直是武器设计的努力方向。要想提高射程,就要提高弹头的出膛速度。常规火炮的出膛速度受限于推进气体的自由膨胀速度,典型值约为 3.5 km/s。这样,依靠火药爆炸很难达到 2 km/s 的出膛速度,这就是为什么穿甲弹、破甲弹的出膛速度都在马赫数 6 以下的原因。如果想要继续提高出膛速度就必须采用其他推进方案,电磁轨道炮提供了一种可能的选择。在大气环境下,若出膛速度达到 6 km/s,即马赫数约为 20,这样的弹头射程可达 1000 km。早在 19 世纪初就有用磁场推进子弹的想法了。

电磁轨道炮(railgun)利用电流在磁场中遭遇的洛伦兹力 $\boldsymbol{F} = l\boldsymbol{l} \times \boldsymbol{B}$ 实现加速。其设计大致如下:两根金属滑轨,如果被抛射体自身或者盛装抛射体的专门支架（armature）接通，则有一股强大的电流通过（图7.7）。此电流在两侧的滑轨上是方向相反的，在滑轨中间部分，它们

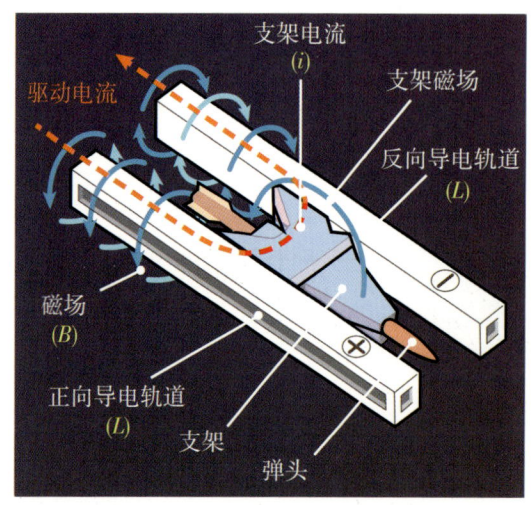

图 7.7　电磁轨道炮原理图

产生的磁场相叠加。通电的抛射体会被洛伦兹力沿导轨方向加速抛射出去。由于轨道本身是作为电极使用的，故而要求轨道同支架之间有滑动接触。为了加大洛伦兹力表达式中的电流 I，有时会使用专门设计的带等离子体的支架，其底部有电离气体支持的电弧。电磁轨道炮要在米量级的加速距离内把弹体加速到马赫数为20的出膛速度，其对洛伦兹力的要求非常高，也就是对通电电流要求非常高。当前在验证中的电磁轨道炮，其供电电流可达 5×10^6 A（这么大的电流，电路很难承受得住，幸好供电持续时间是毫秒量级），对应的轨道内侧的典型磁感应强度值约为 10 T。由此可见，这对供电电源提出了极大要求，这样高的电流可由特殊设计的电容器、脉冲发生器（pulse generator）或者盘式发电机（disc generator）提供。电磁轨道炮的弹体因为要承受很大的

加速度,故它没有可爆炸的战斗部,属于单纯的动能武器。弹体作为有效载荷(payload),一般会要求达到 500—1000 kg,因为以那样高的速度在大气中飞行,质量小点儿的在到达目标时就给烧蚀没了。弹头一般是用耐高温的金属钨制作的。这样,弹体在出口处的动能在 5—50 MJ 的量级。考虑到要承受的强磁场、超大电流、放电、(支架和导轨之间的)摩擦以及高温等因素,实际的电磁轨道炮设计受到耐用性、实用性以及经济性等诸多限制。值得一提的是,电磁轨道炮两侧的轨道在通电后强烈地互相排斥,斥力会大到引起结构磨损与撕裂的程度。

同 railgun 可相提并论的是 coilgun,可译成线圈枪或者线圈炮,关键是看弹头的大小。线圈,或者称螺线管(solenoid coil),通电流后会产生磁场,在其内部中心处磁场最强。如果在线圈的一端有用铁磁性材料做成的或者是导电(带耦合线圈)的弹头,就会被线圈给拉向线圈中心磁场最强处,若到达此处时断掉电流,磁场消失,弹头就会凭借惯性继续向前飞行(图 7.8)。线圈枪的枪管可由一串同轴通电线圈组成,为此要设计出精确的供电时间序列,使得通过各个线圈的弹头都能正好得到加速。

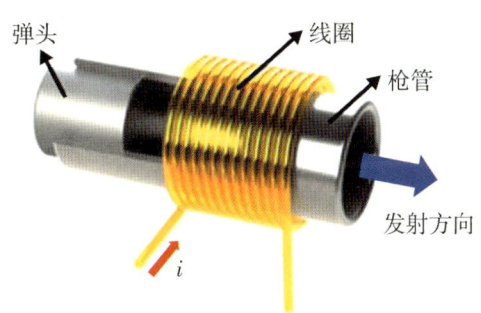

图7.8 线圈枪原理图

洛伦兹力还可用于舰载机的电磁弹射,目前这已是成熟技术。舰载战斗机的起飞重量在30吨的级别,要求加速到几十到几百米每秒的速度即可,而航母可提供的弹射加速距离应该在100米左右。舰载机应该是骑在专门弹射装置之上的,电流不通过飞机。据公开信息显示,中国在003号航母上使用的电磁弹射装置推力在150吨左右。

顺带说一句,某个量的动态范围大小是各种仪器、各种器械的重要指标。比如电流表是用来测电流的,但到底是测几十安培的大电流还是测几个纳安($1\ \mathrm{nA} = 10^{-9}\ \mathrm{A}$)的微弱电流,那仪器的构造和依据的测量原理是不一样的。如果在意测量的动态范围,是适用于1 mA—100 mA之间的电流测量,还是适用于1 nA—100 mA的电流测量,这两套电流表设计上的差别就大了去了。武器,也可以作仪器看。对于各种武器设计而言,某个特定功能的动态范围应是设计时的主要关切。举个简单的例子,如果导弹发射架能发射的导弹直径动态可调整范围是10—100 cm,那通用性肯定强,结构上固然可能更复杂,但相较从前一种发射架只发射一种导弹肯定是有优势的。电磁弹射的一大优点就是它的弹射能力有大的动态范围,既可以用来弹射大型作战飞机(起飞重量30吨甚至更大),也可以用来弹射较轻的无人机。

7.3d 电磁拦阻

电磁阻尼(electromagnetic damping)实际上是一项广泛应用的技术。电磁拦阻要有磁场、要有电流,航母上的舰载机着舰(起始速度约为200 m/s)可能是电磁拦阻能派上用场的地方。从前的拦阻索,是依靠液压阻尼系统(拉动拦阻索会造成封闭液体的压缩)硬把舰载机给

第七章　电磁学

拉停的,这对舰载机的结构强度要求很高,同时液压装置占据的空间也大,但最大的问题是机械过程不能对飞机状态做出即时响应。电磁拦阻提供了精确调控拦阻力量的可能性,可根据拦阻索上感知的压力、飞机的瞬时速度和加速度等参数设计出一套恰到好处的拦阻力量配置。

在甲板下预埋线圈产生磁场,飞机拉动通电导线(作为拦阻索一部分),其上的洛伦兹力可以起到拦阻作用;或者让拦阻索拉动磁场中的金属块,洛伦兹力在其中产生涡流,消耗掉飞机的动能。电磁拦阻设备的特殊性在于它的高度自动化,在有限距离内以合理的力量配置(比如较小的最大拉力)把飞机阻拦住,同时做到设备体积小、重量轻、能耗少,甚至还能够把飞机的动能部分地转换再利用。对于电磁阻拦技术来说,可靠性才是第一考量,这是电磁阻拦要解决的问题。据信尼米兹级航母上使用了先进拦阻装置(advanced arresting gear),其中用到了大型感应电机来提供拦阻力(细节不详)。

补充一点电磁阻尼的知识。随时间变化的磁通量会在导体中感应出涡电流(eddy current),顾名思义,那是环状的闭合电流。产生涡电流当然要消耗能量,故而这等价于遭遇了一个拖曳力。举例来说,让磁铁从中空的金属管中下落,与在管外的自由下落完全不同,磁铁在金属中引起涡流从而遭遇一个与速度正相关的阻力,从而在重力和电磁阻尼(音 nǐ)的共同作用下最终变成匀速降落,此速度下的电磁阻尼和重力正好达到平衡。利用涡电流可以制作刹车、拦阻器件。注意,涡电流刹车装置没有接触,故不能抱死(holding),因此以和机械刹车装置组合使用为宜。

7.4 电磁波与通讯

19 世纪 60 年代初,麦克斯韦把电磁定律写成了一个方程组,用亥维赛德(Oliver Heaviside,1850—1925)后来的简明形式表示[①],即为

$$\nabla \cdot \boldsymbol{E} = \frac{\rho}{\varepsilon_0}, \tag{7.6a}$$

$$\nabla \cdot \boldsymbol{B} = 0, \tag{7.6b}$$

$$\nabla \times \boldsymbol{E} = -\partial \boldsymbol{B}/\partial t, \tag{7.6c}$$

$$\nabla \times \boldsymbol{B} = \mu_0 (j + \varepsilon_0 \partial \boldsymbol{E}/\partial t)。 \tag{7.6d}$$

这是真空中有源的麦克斯韦方程组的形式。如果空间里是无源的,则方程退化为

$$\nabla \cdot \boldsymbol{E} = 0, \tag{7.7a}$$

$$\nabla \cdot \boldsymbol{B} = 0, \tag{7.7b}$$

$$\nabla \times \boldsymbol{E} = -\partial \boldsymbol{B}/\partial t, \tag{7.7c}$$

$$\nabla \times \boldsymbol{B} = \mu_0 \varepsilon_0 \partial \boldsymbol{E}/\partial t。 \tag{7.7d}$$

计算 $\nabla \times \nabla \times \boldsymbol{E}$,$\nabla \times \nabla \times \boldsymbol{B}$,注意到 $\nabla \cdot \boldsymbol{E} = 0$,$\nabla \cdot \boldsymbol{B} = 0$,可得方程

$$\nabla^2 \boldsymbol{E} - \frac{1}{c^2} \frac{\partial^2 \boldsymbol{E}}{\partial t^2} = 0, \tag{7.8a}$$

$$\nabla^2 \boldsymbol{B} - \frac{1}{c^2} \frac{\partial^2 \boldsymbol{B}}{\partial t^2} = 0, \tag{7.8b}$$

其中 $c = 1/\sqrt{\mu_0 \varepsilon_0}$。这是 (3,1) 维时空里的波动方程。方程 (7.8) 是关于三维空间里的矢量 $\boldsymbol{E}$ 及矢量对偶量 $\boldsymbol{B}$ 的波动方程,且是在规范条件下得到的,故解为有两种独立偏振模式的横波,所传播的物理量与传播方向垂直。此外,参数 c 是这种波动——如果确实存在的话——的传

[①] 麦克斯韦方程组有多种形式的表示,读者学习时请认真体会。

第七章　电磁学

播速度。用当时已知的 μ_0, ε_0 值计算 c，发现同当时测得的光速差不多，约为 270 000 km/s。麦克斯韦由此推测：1) 电磁可能有波动现象，存在电磁波；2) 光可能就是电磁波。现在我们知道，c 是真空里的光速，当前光速的定义值为 299 729 458 m/s。注意光速不仅是个常数，它是个严格的整数（约定），最重要的是它没有参照物。最后一个特点在相对论中得到了深刻阐述。光与声在军事上都被用于通讯、测距、测速等目的，但光速与声速有本质上的区别。

1887 年，德国物理学家赫兹用一套交变电路演示了电磁波的（可能）存在。振荡电路在两个大金属锌球中间缝隙处打出火花，而在旁边放着的孤零零的用一根金属丝连着的两个小金属锌球，中间也打出了火花（图 7.9）。这说明有电磁信号从电路里飞了出来。在学术上，这个实验被当作电磁波存在的验证实验，虽然电磁波其实是个很含混的概念。值得一提的是，这个实验还带来了光电效应，而光电效应是确立光的波粒二象性以及建立量子力学的一个关键事件。光电效应是当前各种军用光电探测器的原理基础，在制导武器中有广泛应用。

意大利人马可尼（Guglielmo Marconi, 1874—1937）迅速注意到了赫兹实验的意义，发明了无线电报。实际上，赫兹的这套实验装置就是电报的原型机（图 7.9）。此外基于电磁波诞生的还有无线报话机。这两者的共同点是传递信号都用的是电磁波，差别在于把接收到的电磁信号还原为文本还是声音。电报，尤其是报话机（步话机），一般频率为几个 MHz，迅速为军方所采用。电报在第一次世界大战、第二次世界大战中被广泛采用。步话机可灵活携带，通讯距离在几千米而无需铺设线路，故在第二次世界大战后期得到了广泛应用，它使得即时交互式通讯成为可能，极大地改变了战争模式。在当代战争中，通讯不仅是响应命令的关键，也是破坏力之组成部分。

图7.9 赫兹验证电磁波存在的装置(左图)。老式电报机中的按键(右图),脱胎于这个振荡电路里控制电容器充放电的按压开关

无线电波的频率一般在 kHz 以上,多在 MHz 的量级,这超过了人类可听见的声音信号的频率。为了使用无线电波传送声音信号,可用声音信号调制(作为载波的)无线电波的频率或者振幅。无线电波在远处被接收后,先把调制信号检出来,然后再将调制信号转化成声音信号。在和平年代,这就是无线电广播技术。随着半导体技术的发展,作为接收器的无线电元器件成本大幅下降,收音机最后走入了千家万户。其后,又出现了能同步传送图像的电视技术。

波动方程(7.8)对电磁波的频率没有限制,实际的电磁波频率大约在 10^2—10^{24} Hz 的范围(图7.10)。频率范围为 10^{12}—10^{24} Hz 的电磁波会被习惯性地称为光(红外,可见,紫外,X 射线,γ 射线),频率范围为 10^2—10^{12} Hz 的则被称为电磁波,这其中频率范围在 3×10^8—3×10^{11} Hz 之间的会被称为微波,频率低于 3×10^8 Hz 的称为无线电波[①]。不同频率电磁波的产生机制是不一样的(关于光产生机理,参见第八章)。如何产生不同频率的电磁波,一直是物理学关切的实用问

---

① 没有严格统一的划分。

题。在电磁波谱中,最后人工实现的波段是频率在 10^{12} Hz 附近的,俗称太赫兹电磁波。此外,适合产生某个频率电磁波的机制未必能产生足够高的强度,故而在电磁波发生器之外可能还需要专门的放大器。

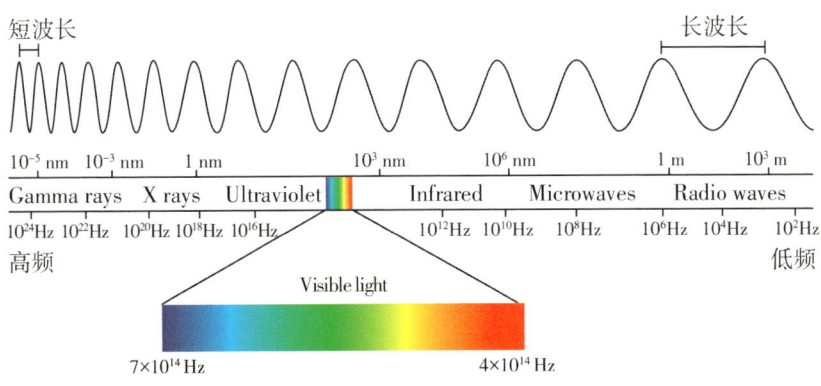

图 7.10 电磁波谱

7.5 雷达技术

无线电波遇到物体会向各个方向散射,具体行为取决于电磁波的频率与强度,以及物体的几何与电磁学性质,尤其是表面的性质。天空中飞行的各类飞行器,由于其处于空旷的背景之上,其散射的信号容易暴露其存在。如果无线电波发射单元的同一地点还有接收机,则配备了高精度时钟的雷达可以通过测量信号发出到反射回来被接收之间的时间差 Δt,从而根据公式 $L = c\Delta t/2$ 确定目标的距离。又或者,处于不同位置上的多个探测器接收到某个信号源的信号,则依据探测器接收到信号的时间差也可以计算出信号源的位置,只是公式略微复杂一点而已,这就是定位系统的工作原理。这里面用到的基本物理原理是(真空)光速是恒定值,由时间差可以计算出位置或者距离来。由此我们也就明白了,雷达、导航卫星的关键部件是高精度计时设备。当前我国北斗系统上使用的计时设备是最先进的原子喷泉钟(atomic fountain clock)，利用对处于极低温下的铯-133 原子束发射的、频率为 9 192 631 770 Hz 的特征辐射进行计数获得时间的测量，精度可达到 10^{-16}。关于时间的物理以及关于计时设备的物理博大精深，远超本书范围，有兴趣的读者请参阅相关专著。

雷达(radar)是在第二次世界大战期间开始研发的无线电定位、测距与测速装置。radar(radio detection and ranging 的缩写)这个词出现于 1940 年。雷达主要部件包括发射器、天线(发射天线、接收天线或者二者合一)、系统控制与信号处理系统。发射器负责产生高功率的、频率在无线电波段的交变电流，从前用速调管(klystron)或者磁控管(magnetrons)，如今也用固体器件甚至超导器件。发射器将交变电流加载到合适的天线上以电磁波的形式向外发射，可以是脉冲或者连续的模式。接收天线感应外来的电磁波，将信号传递给信号处理系统以提取探测到的对象信息，包括对象的多少、位置、速度等，一些先进的雷达还具有锁定一定数目特定目标并引导己方火力攻击多个目标的功能。笼统来说，为了获得足够远的探测范围，需要发射器和发射天线一起实现电磁波的高功率定向发射(如有必要还要求工作在几个频率上)，同时这也要求接收器有高的探测灵敏度和抗干扰能力。向全空域发射和定向发射，或者全空域监控与特定方向上目标锁定，都是一对相矛盾的要求。如何实现军事应用对雷达所提出的多重有些甚至是相互矛盾的要求，关键的着力点在雷达天线的设计上。雷达天线设计是非常能体现设计者天才的技术领域，对设计者的电磁学和电工电子学基础有极高的要求。雷达天线花样繁多，大型军用雷达的天线外观上就能引起强烈的视觉冲击(图 7.11)。

图 7.11　大型雷达天线示例

　　电磁波有相位问题，可以互相干涉。利用电磁波的干涉，类似干涉仪的原理，可以发展相控阵天线（phased array antenna）技术。相控阵天线是由大量用计算机控制（其上电磁波的）相位的天线单元构成。在被动电子扫描阵列（passive electronically scanned array）中，所有的天线单元同单一的发射器/接收器相连，而在主动电子扫描阵列（active electronically scanned array）中，每一个天线单元都同一个发射器/接收器模块相连接。如今的发射器/接收器模块体积缩小到了 1 升的量级。主动电子扫描阵列用于制造 active phased array radar，汉译"有源相控阵雷达"[1]。当前几乎所有的军用雷达都采用相控阵天线，一个有源相控阵雷达上可以集成近 2000 个左右的发射器/接收器模块。

---

[1]　这里的 active 与 passive 用来区分天线单元同发射器/接收器之间的两种连接方式，而不是区分主动式探测雷达（有源雷达）与被动式探测雷达。

有源相控阵雷达比早期雷达产品具有更大的探测距离、更高的分辨率和多目标作战的能力。早期的主动雷达只能向特定方向发射电磁波,为了扫描一片空域就要转动雷达。一个大型的相控天线阵,通过调节一定数目的天线单元之间的相位关系,利用干涉现象,可以实现局限于特定方向上的电磁波发射;通过选择参与发射的天线单元以及调节其相位关系,就可以改变发射方向。因为是通过电子器件控制的,所以扫描快捷灵活。更重要的是,当部分天线单元被用于锁定特定目标时,余下的天线单元还可以继续对空域进行扫描。主动电子扫描阵列中的发射器/接收器模块可以工作在不同的频率上,而不同频率的电磁波之间容易被分辨开,这让有源相控阵雷达可以同时锁定大量的目标。

雷达测速借助的是电磁波(光)的多普勒效应。声波的多普勒效应也可以用于某些场合的测速(参见第六章)。电磁波多普勒效应和声波多普勒效应本质上是不同的。

7.6 电磁波多普勒效应

波的传播行为随波源和接收者运动的变化是个有趣的物理问题。1842 年,多普勒用源—接收者之间的相对运动引起的频移解释双星的颜色问题。光波的多普勒效应则是 1848 年斐佐(Hippolyte Fizeau,1819—1896)发现的。因为光没有传播介质的问题,光的传播问题自然涉及相对论,故光的多普勒效应与声波不同。对光波的波矢 4-矢量 $k=(k_x,k_y,k_z,\omega/c)$ 作洛伦兹变换,就能得到多普勒效应的所有内容,参见拙著《相对论——少年版》。

在波的表示 $f(x,t)=A\mathrm{e}^{\mathrm{i}(k\cdot x-\omega t)}$ 里,相位

第七章 电磁学

$$\phi = k \cdot x - \omega t \tag{7.9a}$$

是个标量,可改写为

$$\phi = k \cdot x - \frac{\omega}{c} ct。 \tag{7.9b}$$

可以看到,这是时空 4-矢量 $X = (x_1, x_2, x_3; ct)$ 同波矢 4-矢量 $K = (k_x, k_y, k_z; \omega/c)$ 之间的内积,是个不变量。洛伦兹变换对光波矢的作用即可用来理解多普勒问题。设想在一个参照框架 S′ 里静止光源发射的光束沿 x-方向传播,因为 $\omega' = ck'$,故写成 $K' = (-k', 0, 0, k')$;在参照框架 S 里,波矢 4-矢量的一般表示是 $K = (k_x, k_y, k_z, \omega/c)$。波矢的洛伦兹变换为

$$K = \Lambda^{-1}(\theta) K', \tag{7.10}$$

其中 $\Lambda(\theta) = \begin{pmatrix} \cosh\theta & -\sinh\theta \\ -\sinh\theta & \cosh\theta \end{pmatrix}$,$\tanh\theta = v/c$。但是光不依赖于任何参照框架,故总有 $K' = K$。其结果就是 $k_y = k_z = 0, k_x = -\omega/c$,其中 $\omega = \omega'(\cosh\theta - \sinh\theta)$,即

$$\omega = \omega' \gamma(v)(1 - v/c)。 \tag{7.11}$$

写成频率的变换,即是

$$f = f' \sqrt{\frac{1-v/c}{1+v/c}}。 \tag{7.12}$$

这就是相对论多普勒效应的频移公式。表达得准确一点,当源(source)—接收器(receiver)互相远离时,

$$f_r = f_s \sqrt{\frac{1-v/c}{1+v/c}}。$$

由此可见,光源远离我们时频率会减小,即发生红移。这是相对运动方向与源—接收器之间的连线共线的情形。1907 年,爱因斯坦(Albert

Einstein，1879—1955）报道了横向多普勒效应，即源—接收器的连线与源运动方向垂直的情形。当源与接收器已处在距离最近处时，

$$f_r = \gamma f_s, \quad \gamma = 1/\sqrt{1-v^2/c^2}, \tag{7.13a}$$

接收到的频率相比源的频率发生了红移；当接收器"看"到源与其距离几乎为最近时，

$$f_r = \gamma^{-1} f_s, \tag{7.13b}$$

接收到的频率相比源的频率发生了蓝移。

其实，用(3,1)维双曲空间几何，配合洛伦兹变换，容易得到观测者观察到的运动光源的频移的全部内容。这是个一揽子的解决方案，无需强分什么纵向多普勒效应和横向多普勒效应。在宏观世界的应用中，由于$\frac{v}{c} \ll 1$，因此多普勒效应引起的频移很小，这要求探测仪器有高的频率分辨能力。所幸的是，这一点对于今天的测量技术来说不是问题。

雷达发射的电磁波可以是相干脉冲的、连续的、脉冲多普勒的或者调频的。所谓的脉冲多普勒雷达（Pulse-Doppler radar），既使用脉冲计时确定目标的距离，同时又利用反射波的多普勒效应测定目标的速度。依赖于先进的电子学技术，当前的脉冲多普勒雷达已经足够轻便，可以加装到战斗机上。

7.7 结束语

电、磁，以及作为电磁波一段的光，都是自然现象，这些自然现象启发人们开创了电磁学以及电动力学这样的学术领域，电力的使用让人

第七章 电磁学

类进入了第二次工业革命。基于电、磁以及电磁波的技术改变了人类社会的面貌,自然也彻底改变了战争的形态与形式。虽然从 electricus 一词被创立之时算起,电磁学技术已经经历了 400 余年的发展,电磁学从学术和技术两个角度来看依然是发现和发明的富矿。就其应用于军事领域而言,它也依然会不断带给我们意想不到的惊喜。电磁技术未来依然是民用技术和军事技术发展的关键方向。微波通讯现在已经进入 5G 时代,6G 技术也在紧锣密鼓的研发中。

电磁波的概念以及相关技术是人类的发明。作为电磁波一段的光有天然的存在,就制备光源而言人类让大自然相形见绌,光学领域更是人类挥洒其聪明才智、做出更多发明和发现的领域。光同物质相互作用,会在物质体内引起电磁效应。频率足够高的光会激发起物质中的电子运动甚至击打出自由电子,这就是光电效应。光电效应是光测量的关键基础,广泛应用于侦察、制导类装备中,限于篇幅,本书未作深入介绍。关于光学的军事应用,更多内容见第八章。

参考文献

1. Fawwaz T. Ulaby, Umberto Ravaioli, *Fundamentals of Applied Electromagnetics*, Prentice Hall (2014).

2. Ismo V. Lindell, *Differential Forms in Electromagnetics*, Wiley-Interscience (2004).

3. David Hambling, *Weapons Grade: Revealing the Links Between Modern Warfare and our High-Tech World*, Constable (2005).

4. Dan M. Goebel, Ira Katz, *Fundamentals of Electric Propulsion: Ion and*

Hall Thrusters, Wiley (2008).

5. Robert G. Jahn, *Physics of Electric Propulsion*, Dover Publications (2006).
6. Richard Fitzpatrick, *Maxwell's Equations and the Principles of Electromagnetism*, Jones & Bartlett Publishers (2008).
7. Giovanni Ghione, Marco Pirola, *Microwave Electronics*, Cambridge University Press (2018).
8. Hubregt J. Visser, *Array and Phased Array Antenna Basics*, Wiley (2005).
9. Martin Stumpf, *Electromagnetic Reciprocity in Antenna Theory*, Wiley-IEEE Press (2017).

第八章
光与光学

> 毛主席思想的光辉照得咱心里亮。
> ——电影《地道战》
> What doesn't transmit light creates its own darkness.
> — Marcus Aurelius[1]

摘要 光是自然界中最独特的存在,人类通过光认识世界。发现各种不同的发光机制、制造出各种光源是物理学的辉煌成就。光学是极具军事意义的科学技术领域,照明、伪装、隐身—反隐身等都应从光学与视觉的角度加以考察。激光是 20 世纪最伟大的发明,广泛应用于各个领域,对军事技术发展有深刻的影响。

关键词 光,光源,光谱,发光机制,探测,伪装,隐身—反隐身,激光,制导,激光武器,弯曲光路设计

---

[1] 不透光者自暗黑。——马可·奥勒留

8.1 光的基础知识

地球上产生了生命的一个根本性原因,是地球持续得到了阳光的照射,光也就成了人类认识中最重要的对象。地球上相当大的部分都能得到充足的日照。阳光光谱的峰值约在 600 nm 处,故大体上说阳光是黄色的。人类包括其他动物的眼睛对光的响应范围在约 390 nm—780 nm,这一波段内的光被称为可见光。基于量子理论这个事实容易得到理解。单个光量子的能量为 $h\nu$,其中 $h = 6.626 \times 10^{-34}$ J·s 为普朗克常数,波长 390 nm 对应的光量子能量约为 3.0 eV,面对这样的光照一般构成生命的化学键都会被打破,即所谓的紫外线会晒伤皮肤,故波长比 390 nm 还短的光不是看不见的问题,是不能看,那会造成伤害[①];波长 780 nm 对应的光量子能量约为 1.5 eV,刚够在构成生命物质中激起光电效应被感知到(看到),人眼看 800 nm 的红光已经很费劲了,故波长长于 800 nm 的光也看不见。

1862 年英国物理学家麦克斯韦发现电磁学波动方程中波的速度同当时测得的光速(约 270 000 km/s)很接近,故猜测光可能是电磁波。1887 年,德国物理学家赫兹使用振荡电路产生了电磁波,标志着人类能够用人工器件有意识地产生电磁波。目前人类已经能够按照自己的意愿产生从无线电波(低至 10^3 Hz)、微波(微波炉用的频率为 2.54×10^9 Hz)、经太赫兹波(10^{12} Hz 量级)、红外、可见光、紫外到硬 X 射线(10^{20} Hz,借助同步辐射)等广阔波段的电磁波了,服务于各种用途。虽然也有利用 γ 光子(10^{18}—10^{22} Hz)的做法,比如使用 γ 刀(光子能量为 1.173 MeV 和

---

① 笔者小时候,大概是 6 岁,第一次见到电焊,被它那神奇的弧光吸引了,看了很长时间,当天晚上就短时失明了。

第八章 光与光学

1.332 MeV)进行手术,但光的来源是核过程而非人工过程。

光的一个特征是其传播速度。在真空中,光速是没有参照的,即观测到的光速与光源的运动状态无关(相关内容请参阅相对论)。真空中的光速被定义(!)为 $c = 299\ 792\ 458$ m/s。光是电磁波,由频率 ν 或者波长 λ 所表征,$\lambda\nu = c$。光的本性从物理上很难把握,具有波粒二象性,即它总是同时表现出波动性和粒子性来[①],传播时更易表现出波动性而发射、吸收时更具有粒子性,低频易表现出波动性而高频易表现出粒子性。光是电磁场的量子,是能量和动量的携带者,其能量量子为 $h\nu$,动量量子为 $h\nu/c$。当光表现为波时,它是横波,有两个独立的偏振,即左旋圆偏振和右旋圆偏振。对于可见光附近的实用光束而言,人们关心的是光束的谱分布(能量随频率的分布)、射束轮廓(beam profile)和能流密度等物理参数。

虽然人类从有意识开始就熟悉光的存在,但是知道光的发生机制不过是近 100 年的事儿。光的发生机制有如下几种:

1. 电荷加速(减速)的过程中会发光。利用电子被加速过程中的辐射的专门光源为同步辐射,可以获得可见光到 X 射线的宽阔波段中的各种辐射。用高速电子轰击固体靶材获得的连续谱 X 射线就是利用的这个机制,用振荡电路产生长波电磁波也是这种机制。
2. 切伦科夫辐射。当电荷在介质中速度超过介质中的光速时发生的辐射。
3. 黑体辐射。一定温度的物体总会有同温度相对应的一个连续辐射

---

① 不是坊间所传的"既是波又是粒子"。

谱分布,也叫热辐射。理想的黑体(空腔),其谱分布用温度就能唯一地决定,由普朗克公式给出。地表上大型动物的热辐射的中心波长在红外波段,此一事实在军事上会用于夜视装备的研制。

4. 跃迁。电子从高能级向低能级跃迁(jump, sprung)的过程中会辐射电磁波。燃烧过程、放电过程、半导体材料发光都属于这种机制。

5. 物质湮没。比如,当电子和正电子相遇湮没时,一般会变为两个能量为 511 keV 的 γ 光子,表达式为

$$e^- + e^+ \rightarrow 2\gamma 。 \quad (8.1)$$

6. 核过程伴随的辐射。原子核衰变过程通常伴随 γ 光子的发射。笔者以为这恰是同强、电磁、弱三种相互作用可统一的事实相吻合的。

军事上使用的从无线电波到太赫兹波的辐射是通过电子振荡获得的,而从红外到紫外光源则是通过电子跃迁机制获得的。

8.2 照明与侦察

高等生命一般都发展出了利用阳光的功能,包括光合作用这种获取能量的过程,以及视觉这种用于感知外部世界的功能。一些生物为了吸引异性或者猎物,发展出了主动发光的功能,比如萤火虫、灯笼鱼(鮟鱇鱼)等[①]。至于制作了各种光源,并能将之主动用于搜寻和摧毁敌方目标的,只有人类。

以军事目的论,从射频波段到可见光波段是各有用场的。紫外、深

[①] 萤火虫是自身靠化学反应发光,而灯笼鱼自己不发光,它圈养了发光细菌。

第八章 光与光学

紫外到 X 射线波段的辐射,因为与大气的强烈相互作用,传输距离有限,考虑到获得相应光源的难度和运行成本(作为其他武器伴随产物的不算),除非有特别的使用目的,应该不是主要的武器发展方向。

在古代,欲将光用于军事目的,可用的光源都是基于燃烧过程,如燃烧植物、油脂等,多用于照明或者近距离传递简单的信息(烽火台)。随着电能的应用,人类不断开发出新的光(辐射)源,并将之用于对敌方人员与武器的照明和攻击。从前用于照亮战场的有使用燃烧过程的照明弹(illuminating projectile, flash bomb)、使用电能的探照灯。照明弹内部的装药为金属可燃物和氧化剂。金属可燃物主要为镁粉和铝粉制成。镁粉和铝粉燃烧时,能产生几千摄氏度的高温,放射出耀眼的光芒,化学反应过程为

$$2Mg + O_2 = 2MgO, \quad 4Al + 3O_2 = 2Al_2O_3。 \tag{8.2a}$$

略精确一点的会写成

$$2Mg + O_2 = 2MgO + Q, \quad 4Al + 3O_2 = 2Al_2O_3 + Q, \tag{8.2b}$$

其中 Q 表示反应热,Q 为正的是放热反应,Q 为负的是吸热反应。对于镁的燃烧,$Q = 601.83$ kJ/mol,对于铝的燃烧,$Q = 1669.8$ kJ/mol。然而,笔者必须指出,反应热的概念是非常粗糙的。实际上,它应分成反应物的动能、内能改变部分以及辐射出的光能,其中光因为能传播到远方、激发别的反应过程而具有特别的意义。一个放热化学反应应该指出其辐射光谱的谱分布才能精确理解其意义。镁的燃烧热约有 10% 表现为发光,且覆盖可见光范围,故而可用于照明。氧化剂是硝酸钡、硝酸钠、高氯酸钾等,它们参与燃烧时能放出大量的氧气,加速镁、铝粉的燃烧,增强发光亮度。探照灯用的是高功率电灯,放在抛物面形状的

镜面的焦点上从而获得高亮度定向光束①。探照灯可用于搜寻夜空中的飞行器,为高射炮指示目标(图8.1)。探照灯的高亮度还有致盲的效果,迎着探照灯的人员无法睁眼,等于被解除了武装。第二次世界大战期间苏军围攻德国柏林时,就使用过探照灯配合攻城。

图8.1　抗美援朝战场上我军使用的高射炮和探照灯

二战以后,基于以量子力学为代表的科学进步,人们开发了更多的满足战争需求的各种光源。为了增强探测距离,就要求雷达有很高的功率[电磁波的强度一般按 $r^{-n}(n>2)$ 的规律随距离衰减]。当前国际上比较先进的战机,其机载雷达运行在 9.6 GHz,功率有高达 20 kW 的,用于探测这得算是强光源。有数据表明歼-20 的有源相控阵雷达的 TR 组件高达 2200 个,发射功率约为 24 kW,探测距离约 300 km(取决于探测器的灵敏度和目标的反射面积)。更多的应用需要的是高品质的光束,由各种激光器提供(原理见下)。

---

① 抛物面焦点上发出的光经抛物面反射后形成平行光束。

第八章 光与光学

飞机被导弹、其他飞机的或者地面上的雷达锁定时,会释放诱饵弹、干扰弹。所谓的诱饵弹、干扰弹,其实就是个光源(辐射源),要点是辐射出高强度的、且波长是敌方探测器会响应的电磁波。比如敌方探测器是红外响应的,工作波长在 1—5 μm 范围,则基于金属燃烧的干扰弹若释放出强烈的、此波段范围的辐射,就会将敌方探测器吸引到自身上,而此时此波段内辐射相对较弱的飞机则趁机逃脱。由此可见,干扰弹的要点在于发射出能掩盖主角之被敌方器材所关注的电磁辐射特征。从进攻方的角度而言,用于锁定目标的探测器应该是尽可能针对目标特征的(target-specific),这样才不易被欺骗。或许未来的探测器不仅可动态地使用不同的窄带宽的辐射,甚至也关注辐射体的截面积(飞机总不能抛出一个和自身反射面积一样的干扰弹)。当然,一款武器如果对目标特征太挑剔(精准),不利的一面是又缩减了它的使用范围。

对于机载雷达所用辐射的探测,考虑到进入远距离外探测器的辐射信号较弱,这对探测器的灵敏度提出了极高的要求。电磁波在合适的直接带隙半导体$\left(\text{因为可见光附近光子的动量},\frac{h\nu}{c}=h/\lambda,\text{约为}0\right)$内被吸收能产生光电流,利用微弱电流测量技术就能实现对弱电磁辐射的探测,这里的关键是探头用的半导体材料。由于大气对不同波长的光吸收能力不同,在有些波长范围内,比如在 1—3 μm、3—5 μm 和 8—14 μm 处,就表现出较小的吸收率。因此,雷达一般都会选择这样的大气窗口力图实现对更远距离的照射。相应地,要求探测器的波长响应范围在这个区域,且要求有高的灵敏度。波长 3 μm 对应的带隙约为 0.4 eV,波长 12.4 μm 对应的带隙约为 0.1 eV,显然对这些波长的辐射的探测要求窄带隙半导体材料。1959 年发明的碲镉汞($Cd_xHg_{1-x}Te$)

材料是一种闪锌矿结构的直接带隙三元化合物半导体,光吸收率较高。CdTe 的带隙约为 1.5 eV,HgTe 的带隙约为 0 eV,调节 $Cd_xHg_{1-x}Te$ 的组分可以实现 0 到 1.5 eV 之间的带隙连续可调,针对性地实现红外探测。碲镉汞红外焦平面探测器因其优异的光电性能在红外探测领域一直占据着主导地位。

就武器系统而言,看见最终是为了让人看见。在夜晚无照明的条件下,动物热辐射的红外光,其波长范围大约是 3—30 μm(记住:热辐射原则上跨越所有波长,但主要分布在同绝对温度成反比的中心波长附近。参阅笔者所著《黑体辐射公式的多种推导及其在近代物理构建中的意义》,《物理》杂志 2022 年连载),对应的光子能量小至 0.05 eV 左右。哪怕是蜜蜂这样的小动物,其辐射强度也足以被看见,为此所要做的是将入射的红外光转化为人眼的可见光,或者把微弱的可见光部分的信号给加强到人眼可见的程度。夜视仪的原理,一句话,就是将(宽谱的)弱光转化成电子信号,对电子信号增强,然后让电子信号再转化为光信号构成人眼可视的图像。1940 年,德国研制了硫化铅(带隙 0.37 eV)等红外吸收材料,使红外遥感仪器的诞生成为可能。60 年代,美国首先研制出被动式的热像仪。第三代夜视仪的光电阴极使用了砷化镓(1.43 eV),这个带隙对于探测热辐射显得偏大,但这种材料的光电转化效率高。第四代夜视仪使用无膜成像管(film-less image tubes)技术,即去掉了离子阻挡膜,此薄膜是从第二代进入第三代时为了保护用砷化镓做的微通道板而设置的。去掉这个离子阻挡膜能减少光晕,配合其他技术可提高夜视仪的性能如灵敏度、信噪比和分辨率。夜视仪目前已经是军队的标配。夜视仪的构造大同小异,其核心部件是像增强器,主要由光电阴极、微通道板、荧光屏幕三个部分组成。光电阴极将微弱的入射光信号通过光电效应转化成光电子,再通过微通道板对电子进行倍增,利用二次发射的电子将光电子数量增加数百上千倍,最后在荧光屏幕(阳极)上将增强后的电子信号再次转换为光学信号(图8.2)。

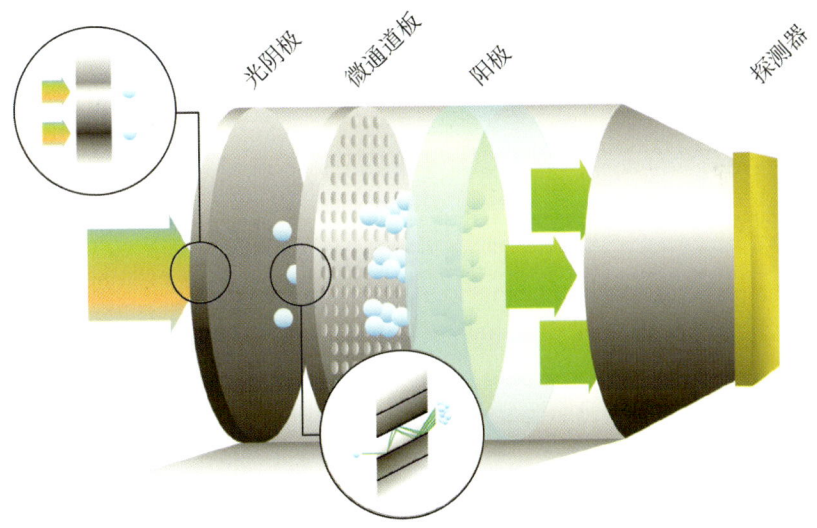

图 8.2 夜视仪原理图

8.3 伪装与隐身

在大自然的捕食者—猎物游戏中,捕食者如何发现猎物,猎物如何躲过捕食者的注意是一个永恒的话题,双方的能力与策略在斗争中螺旋递进。就视觉而言,捕食者要发展出更敏锐的视觉(涉及灵敏度、波长范围、探测空间范围以及对运动的感知),以及接近猎物而不被猎物发现的能力,而猎物则要发展出在捕食者鼻子底下全身而退的能力。

这就有了伪装/隐身对感知/探测这一对矛盾来。

为此，首先要清楚的基本科学问题是：什么是看见？看见一事，从看者的角度来说，取决于看者用来看的设备的能力，包括光感知能力和图像认知能力；从被看的对象的角度来说，包括被看的对象及其环境发射光或反射光的行为。光的强度、频率、相位或者相关性有衬度时，就会被辨认出来，当然这取决于所使用的探测器的能力。看见与伪装（隐身）的争斗要从这些角度加以考察，而且要加以综合考虑。物体存在于环境之中，所谓的被看见应该理解为通过视觉辨认（挑）出来。看到（指对象的信息确实在观察者所获取的图像中）和分辨出来不是一回事儿。一幅图像，初看看不出什么名堂，后续经过复杂的算法将对象还原了出来，那也是看见。黑暗树丛中的一只萤火虫被看见，是因为它主动发光被探测到，且同环境形成了强烈的对比（此处是强度对比）。一个物体如果不发射光或者反射光，就没有来自它的光会被探测到，但如果它和环境有强烈的对比，它也会被辨认出来，即被看见。一块白色背景上的黑色物体，虽然没有发光与反光，也可以被辨认出来，看见一块黑色物体恰恰是因为没看到它（图8.3）。夜间草丛中的一只老鼠在

图8.3 完全不发光、不反射光的超黑材料，看见它是因为根本没看到它

第八章 光与光学

人类肉眼的可见光范围内是不可见的,但是使用红外探测器就能看到,因为老鼠比周围的草丛具有明显的红外特征,故而可以被看到。这意思是说,辨认或不可辨认是针对特定波长(组合)的。

伪装一词,西文用的是 camouflage。camoufleur 可能来自法语的 camoufler,是(往人脸上)喷烟的意思。喷烟可以达到隐藏的效果,神话中提及的妖怪在逃跑时都是喷出一股浓烟,然后就不知所踪了。在自然界中,乌贼会喷出一股墨汁把近处的海水弄浑以后借机逃走。用烟雾打掩护,在军事上得到了广泛使用,有单兵使用的烟幕弹,还有专用的大范围烟雾释放系统以掩护己方的作战单位。烟雾工作原理是这样的:烟雾有大量的剧烈热运动的、典型尺寸在微米级的颗粒,比可见光波长略大。在清新空气中,从远方过来的光线大体沿直线传播,因此比如从一辆装甲车上反射的阳光到达观察者的眼中时,不同光线之间会保持在装甲车上被反射时的近邻关系,这样就能看到一辆装甲车的模样。如果装甲车被包裹在一团烟雾中,则自装甲车反射的阳光在路途上被随机地多次散射,光线随机改变了方向,这样虽然有足够的光到达观察者的眼睛,但这些光线之间的近邻关系(空间相关性)完全不能反映离开装甲车表面时光线的近邻关系。也就是说,光被接收了但是无法构成像(图 8.4)。实际上由于光线经多次散射被混合得相当均匀,其视觉效果经常是一团雾而已。同样的道理,在水中也会表现出来。如果是平静的清清的河水,能看见河底的鱼。可是如果水中混有泥土的颗粒(浑水),或者清水激荡起来,就看不见那鱼了——确切地说,是自鱼身上反射的光失去了空间相关性。当然啦,取决于烟雾的浓度以及探测者的探测能力,释放烟雾有时候并不能完全掩盖目标物,尤其是

图 8.4 烟雾会改变经其散射后的光束之间的关联,故而起到隐藏的效果

在释放烟幕前目标曾被锁定过的情形,烟幕弹就是干扰而已。

请注意,当前伪装的意思更多的是欺敌(fooling the enemy)的意思。二战时,曾投入过大量的橡胶制成的充气装甲车辆和飞机,用以迷惑敌人,那是以假乱真。给军装、车辆或者覆盖物涂上伪装色块(camouflage pattern),是为了和自然混为一体,允许看见但不易辨识。很多鸟类如猫头鹰,两栖类如蛙,就具有这样的本领,它们的外观图形分布可以让它们和环境浑然一体。狙击手首先得是伪装高手(图8.5)。

图 8.5 与环境浑然一体的雪鸮(左图)和狙击手(右图)

第八章 光与光学

一个存在欲和环境浑然一体不是一件容易的事情。枯叶蝶、竹节虫、兰花螳螂等在外形上（几何加色彩）同局部环境取得了完美的以假乱真的程度（图8.6），在生物学上叫做拟态（metamorphosis）。拟态是如

图8.6 兰花螳螂与枯叶蝶

何发生的，经历多少年怎样的过程，凭想象就知道这几乎无从回答。然而请注意，拟态的生物只在局域、静态下才能达到隐藏自己的目的，一旦改变环境或者运动起来就会暴露。枯叶蝶处于静态时易会被误解为枯叶，对环境没要求，这是比兰花螳螂更进一步的可脱离环境的伪装。林鸱站在枯枝上仿佛就是枯枝的一部分（图8.7），与猫头鹰和旁边的树混为一体不同，应该属于拟态。林鸱被发现了都傻傻地不飞走，离了枯枝它就太明显了。与此相对，变色龙、章鱼则具有动态地同环境协调的能力。软体章鱼可以迅速变

图8.7 伪装成枯树干的林鸱

换其立体形态和表皮花样,这是因为章鱼表皮是多层结构,每一层都有成千上万的不同颜色的小色素块,其软体组织可以瞬间张开或者缩小(面积变化可达百倍的程度),以便呈现不同颜色至不同面积大小,从而达到同环境相混淆的程度。多层膜、动态斑图,这为伪装提供了极好的案例。表述物体同环境动态匹配水平的物理量应该包括响应时间,即将物体投入指定环境中到其同环境相混淆所需的特征时间。就变色龙而言,这个特征是秒量级的(图8.8)。

图8.8 变色龙可以动态地响应环境变化

8.4 隐身技术

看见是打击、拦截的前提。在战场上看不见对手,只有被动挨打的份儿。由此,对交战双方来说,如何让自己看不见以及如何看见努力让自己看不见的敌方,就成了刚需。隐身的概念古已有之,在中国神话、希腊神话里都有会隐身的人物,凭借隐身能力去做一些常人不可为之事。至于如何隐身,一般会以"隐身之术"搪塞,或者如希腊神话中冥神哈迪斯(Ἅιδης)有神奇的隐身头盔(Ἄϊδος κυνέη, the cap of invisibility),带上就有隐身的效果。具体一点的,有神话宣称用甲虫粪

第八章　光与光学

加橄榄油研磨猫头鹰眼珠子,然后将膏涂抹在身上,即可达到隐身效果。考虑到猫头鹰作为观察者的好视力、极强的隐身能力(猫头鹰白天睡觉,故需要隐身),橄榄油作为光学介质,这个神话构思算是相当科学的思考了。《淮南子》有"螳螂伺蝉自障叶可以隐形"的说法,虽然闹出了"一叶障目"的笑话,应该也有初级的科学道理——往前一步即入仿生学的范畴[①]。

近些年来,随着光学、材料学等学科的进步,各种意义上的隐身与反隐身技术都获得了长足的进展。常说的隐身战机(stealth fighter),一方面会采用特殊的斜面设计,这样会减少法向反射(normal reflection)截面,降低被主动式雷达探测到的概率。另一方面会采用吸波材料涂敷表面,减少对电磁波的反射(电磁兼容问题,参见第七章)。对于这类隐身,通过采用与飞行器特征尺寸可相比拟的米波雷达,或者采用变波长雷达关注反射波的动态特征,或者采用对大空域用被动式雷达监测加上计算解析等方式,可以有效地获得反隐身的效果。

将欲隐藏的物体空间上同外界隔离来实现隐身。构造具有空间非均匀分布、各向异性电磁参数形式的特殊外壳(envelope),使任意方向的入射光从此外壳绕过,而不引起可分辨的强度或者相位特征。基于坐标变换方法实现的完美隐身结构对所需材料的电磁参数要求极其严格,隐身频率范围窄,且实现难度大。如果考虑到一般探测器对可见光相位不敏感,且放松要求只在一定方向上实现隐身,则基于射线光学用

---

① 不要随便嘲笑古代文献中的一些朴素想法。很多后来都成为了现实,或启发了新时期的科技发展。

反射镜子或透射棱镜组成的几何结构就能实现隐身。简单的小物体隐身可以通过反射表面的安排实现。如图 8.9 所示,从上方入射的光线经多次反射抵达下方的观察者,光路完美避过中心四个反射表面所围成的区域。藏在这个区域的物体将不会被观察到,从而获得隐身效果。

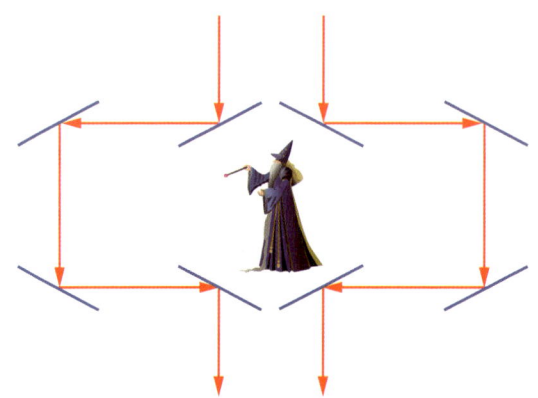

图 8.9　利用反射面实现简单的隐身

另一个新兴起的隐身技术名为光学隐身(cloaking, optical cloaking)。cloaking 器件对电磁波变换的目的是隐藏一片区域或者特定时空里发生的事件,变换光学(transformation optics)是其理论基础之一。第一个关于电磁隐身器件的报道出现在 2006 年,使用的是折射率梯度超结构材料(gradient-index metamaterials。见第四章)。简单的空间隐身基于对传播介质的性质微调,光滑地导引物体周围的光路,避免产生反射或者造成光线的湍流(turbulence)。空间隐身做到各向同性当然好,但也没那么容易,具体的器件可能是一侧有效的,比如隐身毯子(carpet cloak,毯子式斗篷)。如果空间隐身器件可以随意开关,则其中的物体会相应地消失或者露面。

隐身毯子是变换光学的一个特例,笼统来说它把欲隐藏的物体在光学意义上压缩成了平面。可见光的波长约在 400—800 nm 之间。用微加工技术可以制作特征尺度在 100 nm 以下的结构,得到超结构表面(metasurface),从而在亚波长尺度上操控反射光的波前(wavefront)、偏振甚至相位,从而实现隐藏这种表面所覆盖的物体目的。通过在某种小折射率材料上打上半径(20 nm 量级)不同的孔,孔排成典型间隔在 100 nm 量级的花样,得到折射率很小且有变化的表面,从而对足够宽带的可见光有隐身的效果(图 8.10)。当然,特定的超结构表面只对一定波长范围的光有隐身效果,如欲实现宽带隐身则要尽可能减小光学单元的色散,即折射率对波长的依赖关系 $n = n(\lambda)$。隐身毯子的研究方兴未艾,近年取得了飞速的进步。

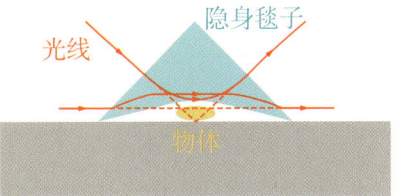

图 8.10　隐身毯子

光的传输无需介质。光在真空中就可以传播,其在空气中的传播速度略受影响,折射率还是约等于 1。如果光路上遇到某种物质结构,而该物质结构的等效折射率约为 1,则该物质结构对光路没有可观测的影响。这就是隧穿光传输隐身(tunneling light transmission cloak)的原理。在金属薄膜中内置有周期结构的电介质,可以做到对一定范围内的电磁波表现出折射率约为 1,从而实现隐身的效果。2016 年,我国研究者提出了用金属和塑料复合构造新型人工电磁材料,其等效电磁参数与空气完全相同,在空间中不会对任意方向入射的电磁波产生散射,从而实现各向同性的隐身效果。这是一种完全敞开的设计,隐身结构可以是任意大小和形状。

关于空间隐身,有一个车流的类比。设想有一个常规的多车道的车流。假如路上有了障碍物,车流为了绕开障碍物会调整速度和所占据的车道,但是离开障碍物一定距离后,若车辆经过调整车道与行驶速度恢复了常规的车流分布,则障碍物的信息就丢失了。观察车流就得不出来路上有障碍物的信息。

事件隐身则是在时空中操控电磁波使得某些事件不被观察到,最早在2010年提出。为此,照射某区域的电磁波之不同部分可以用时间棱镜(time lenses)被加速或减速,这样经过事件区域的前导部分被延迟,而延后的光束则被加速,这样远处的观察者看到的就是连续的照明。用车流类比,设想一些车辆持续高速行驶,一些车辆被交通灯拦下以便行人通过因此被耽搁了一会儿。在接下来的前方一段路上,能看到路上车流断了。但是,如果前面的车速和后面的车速经过调整,使得后面的车速偏大,则很快断流部分会被弥补上,再往前方的观察者从车流就看不出此前曾经有一个红灯亮了的事件。如果车速是均匀的,这个红灯事件是一目了然的。不过由于光速太快,事件隐身的时间尺度目前还在往纳秒直至微秒努力。不过,短时隐身可用于弥补某些光学特征,能短时避过探测也是好的。

完美隐身的要求是非常大的挑战。在原理上,一要充分考虑光的波动性,二要理解不同频率、不同强度的光同各种材料和材料复合结构设计之间的相互作用。道理也许容易说明,获取具体的材料及材料结构来实现宽带、各向同性的隐身效果远不是那么容易。隐身的设计必须同时考虑可能的反隐身措施。就对象同环境天衣无缝的情形的探测而言,泵浦—探测(pumping-probe)的方法也许有参考意义。实际上,这种方法人类早就使用了。所谓打草惊蛇,就是用棍子的扫描把蛇激发起来(pumping),运动的蛇,哪怕是草丛中的有伪装色的蛇,也会因运动起来被动态地探测到(probe)。虎鲸会激荡起水波让猎物运动起来(pumping)从而被它看到(probe)。这也是借大自然之口告诉我们,动态隐身是很困难的。动态隐身这一方面,变色龙算勉强及格。俗话说,道高一尺魔高一丈,隐身—反隐身技术就是在这种比拼中取得飞速进步的。隐身—反隐身技术的大比拼或许会为我们带来更多的光学、材料学方面的知识。

不过,如果看看大自然里发生的隐身—反隐身的比拼,会发现强化隐身能力不应是军事能力建设的方向。如果有从空间自上而下的全时、宽谱、弱信号、高分辨率观测能力(有了弱信号观测能力,地面几乎是24小时被照明的),而这是相对容易实现的,地面和低空移动目标几乎没有隐身的可能。老鹰都能抓到在水底生活的、长成平面的、埋在沙子里的会伪装的鱼,面对这视力,还有什么样的隐身术能消解被袭击的厄运。面对强敌,伪装是没有用的,隐身是没有用的,躲避是没有用的。

8.5 激光的军事意义

8.5a 激光原理

1916年初,爱因斯坦在忙活了8年完成广义相对论后,返回头思考黑体辐射问题。黑体辐射的正确谱分布公式由普朗克于1900年提出，由此引出了量子论。黑体辐射问题到 1916 年已被很多人关注过，1913 年玻尔也提出了原子发光过程的跃迁概念。从量子角度考虑辐射—物质间的相互作用成为可能。爱因斯坦把"量子理论下的辐射发射与吸收"扩展成了"辐射的量子理论"。爱因斯坦引入的受激辐射概念，以及爱因斯坦系数 A 和 B，乃是激光的概念基础。爱因斯坦考察物质粒子和辐射之间的相互作用，采用的模型为光与分子组成的体系。若知道物质粒子的能量分布规律，则可以由交换能量的静态条件获得黑体辐射的分布规律。爱因斯坦在这篇文章中给出的推导有没有道理呢？不好说！但是，到了 1960 年，基于爱因斯坦的受激辐射概念人类确实制造出了激光。

爱因斯坦 1917 年的"论辐射的量子理论"一文报道了一个与维恩（Wilhelm Wien，1864—1928）的思路有关的普朗克公式推导方法，提供了对辐射之发射—吸收的深刻认识。爱因斯坦指出，当基于分子的吸收—发射能得到普朗克谱分布公式时，它也能获得更多的关于相关过程的认识。分子在吸收和发射辐射时有动量 $h\nu/c$ 的转移，那这光的能量量子 $h\nu$ 就该伴随有动量单元 $h\nu/c$。在此过程中，分子会获得一个速度分布，跟分子间通过碰撞得到的同样的分布，这与分子具体是什么样的分子无关。爱因斯坦指出普朗克公式如果要成立，光量子也该有动量，且是量子化的动量。此前的黑体辐射推导只基于能量交换。分子发射一个光能量量子 ε，会有反冲动量 ε/c，故发射的不能是球面波（球对称的情形就不用管动量了，其矢量和为零）。对辐射谱分布问题，这个动量是无足轻重的，但是对于分子要满足热理论则是必须的。理论要完备！关于光量子还有动量的问题，后来在 1923 年被康普顿

(Arthur Holly Compton, 1892—1962)的散射实验,即固体里的电子散射 X 射线的实验,得到了证实。康普顿的计算是把光完全当作具有能量(全部是动能)和动量的经典小球处理的。

由辐射与分子间的热平衡,可以推测分子的量子行为。若量子理论要求的分子内能分布通过辐射的吸收与发射被确立了的话,辐射的普朗克分布公式就自动成立。爱因斯坦从辐射与分子之间的能量交换出发,考虑到振子的能量(或状态)变化有两个原因,一是自发辐射,

$$\Delta_1 E = -AE\tau; \qquad (8.3)$$

第二个源自辐射场,与辐射密度 ρ 成正比,

$$\langle \Delta_2 E \rangle = -B\rho\tau。 \qquad (8.4)$$

足够长时间内的平均能量应与时间无关,故有关系

$$\langle E + \Delta_2 E + \Delta_1 E \rangle = \overline{E}, \qquad (8.5)$$

结果得到

$$\overline{E} = -\rho B/A。 \qquad (8.6)$$

接下来考虑量子理论与辐射。考虑全同分子气体,处于热平衡。设分子状态对应的能量为 $\varepsilon_1, \varepsilon_2, \cdots, \varepsilon_n, \cdots$,相应的概率为

$$W_n = p_n \exp(-\varepsilon_n/kT), \qquad (8.7)$$

这里爱因斯坦引入了一个统计权重因子 p_n,是状态的特征,但与温度 T 无关。这个表达式是对麦克斯韦理论的深远推广。考察两状态 Z_m 和 Z_n,自发跃迁会造成能量量子为 $\varepsilon_m - \varepsilon_n$ 的辐射,单位时间里这样的辐射数目为 $A_{m \to n} N_m$,辐射场引起的变化表现为吸收和(受激)发射两个过程,速率分别为 $B_{m \to n} \rho N_m$ 和 $B_{n \to m} \rho N_n$,即 $dN_m = B_{m \to n} \rho N_m dt$,$dN_n = B_{n \to m} \rho N_n dt$,故平衡条件为

$$A_{m \to n} N_m + B_{m \to n} \rho N_m = B_{n \to m} \rho N_n。 \qquad (8.8)$$

进一步地，

$$N_n/N_m = \frac{p_n}{p_m} e^{-(\varepsilon_n - \varepsilon_m)/kT}, \tag{8.9}$$

得

$$A_{m \to n} p_m = \rho(-B_{m \to n} p_m + B_{n \to m} p_n e^{-(\varepsilon_n - \varepsilon_m)/kT})。 \tag{8.10}$$

如果认定随着 T 的增加谱密度 ρ 趋于无穷大的话，则必然要求 $-B_{m \to n} p_m + B_{n \to m} p_n = 0$，于是有普朗克公式

$$\rho = \frac{A_m^n/B_m^n}{e^{(\varepsilon_m - \varepsilon_n)/kT} - 1}。 \tag{8.11}$$

注意，这个推导过程指向在公式(8.11)分母中的"-1"来自受激辐射项。若系数 $B_{m \to n} = 0$ 就没有"-1"这一项了。此外，受激辐射同自发辐射概率之比为 $\frac{1}{e^{h\nu/kT} - 1}$。如果要求维恩位移公式成立，则对于能级差为 $\varepsilon_m - \varepsilon_n = h\nu$ 的两个能级，要求有 $A_m^n/B_m^n \propto \nu^3$。这些是激光理论的基础。

  关于二能级体系与辐射场的平衡，笔者以为可以抽象地思考。能量一高一低的两个能级，是不对称的。而所谓的辐射场下的平衡，就是用辐射建立起这两个能级之间某种意义上的对称，那个平衡只能是动态的，且那个过程必须形式上是不对称的。某一非对称作用于另一非对称上，才有动态平衡这种对称的可能。外围没有辐射场时，即 $\rho \to 0$ 的情形，只有高能级向低能级的跃迁。如今引入了辐射场，$\nu = \nu_{nm}$。如果只有吸收过程，没有受激辐射，这似乎和此辐射是事关两个能级的事实缺乏形式上的对称，辐射不该只刺激低能级而不刺激高能级。而只要接受存在自高能级向低能级的受激辐射的想法，则两能级间平衡的机制就是自发跃迁加上受激辐射过程对阵吸收过程，而平衡态时就一定是普朗克分

布。显然,在这个情景中,受激辐射的频率同激发光的频率是一样的。

分子吸收或发射光的过程中还牵扯到动量转移。一个分子吸收一个能量为 $h\nu$ 的光子,伴随着在入射方向上的动量 $h\nu/c$ 的获得。一个分子发射一个能量为 $h\nu$ 的光子,光子伴随着动量 $h\nu/c$,故而发射的光必须是有取向的(球波的动量和为零)。发射一个能量为 $h\nu$ 的光子的过程中,分子获得一个反冲动量 $h\nu/c$。相关的基本过程都必须当作有取向的过程对待,受激辐射过程也必须如此处理。受激辐射过程中,分子发射一个光子,获得一个反冲动量。在光场下的吸收和受激辐射过程,爱因斯坦认为应该使得前述的统计描述成立,常数 $B_{m \to n}$ 和 $B_{n \to m}$ 与方向无关。1923 年,德国物理学家博特(Walther Bothe,1891—1957)根据爱因斯坦 1917 年的吸收—发射理论,指出受激辐射的发射方向严格地在造成发射的入射光束的方向上。应该说,爱因斯坦和博特的论证都不是严格的理论论证,但是后来研究的进展证实了(不是证明)他们思想的正确性。既然是向同一个方向发射,那么就存在往同一个方向不断增强的可能性。

有了受激辐射概念,以及受激辐射的光量子同激发光量子之间还具有相同的动量的结论[①],人们自然会想到去实现光放大。要想实现光放大,前提条件是高能级上的电子数要比低能级上的电子数多,即要实现粒子数反转。粒子数反转可以通过光学泵浦或者电场激励来实现。电子从某个低能态 1 激发到一个高能态 3 上去,电子从高能态 3 可以自发地无辐射跃迁到能级 2 上去,这样在能级 1 和能级 2 之间就

---

① 后来的文献中有人会画成一个入射光子和一个受激辐射光子同方向的图像,这没有严格的理论根据。

实现了粒子数反转,这是三能级的工作模式。或者,电子从某个低能态 1 激发到一个高能态 4 上去,电子从高能态 4 可以自发地无辐射跃迁到能级 3 上去,这样在能级 3 和能级 2 之间就实现了粒子数反转,这是四能级的工作模式。1953 年汤斯(Charles H. Townes,1915—2015)等人独立地在微波波段实现了利用受激辐射的辐射放大,称为 Maser。后来汤斯和肖洛(Arthur Schawlow,1921—1999)认为利用光学腔实现的反馈机制可以制作光学 Maser。1959 年古尔德(Gordon Gould,1920—2005)为此造了 laser(激光)这个新词儿,并给出了第一个激光共振腔方案。苏联的巴索夫(Nikolay Basov,1922—2001)和普罗霍罗夫(Alexandr Prokhorov,1916—2002)在 1954 年也实现了 Maser,1960 年美国人梅曼(Theodore Maiman,1927—2007)造出了第一台光学泵浦的、用红宝石作为工作介质的固体激光,可以说真正开启了激光的时代。仅仅到 1974 年就有人做出了脉宽在飞秒(Femtosecond,10^{-15} s)量级的脉冲激光。1964 年,汤斯、普罗霍罗夫和巴索夫三人因基于 Maser-Laser 原理构造了光谐振腔和光放大器而获得诺贝尔物理奖。

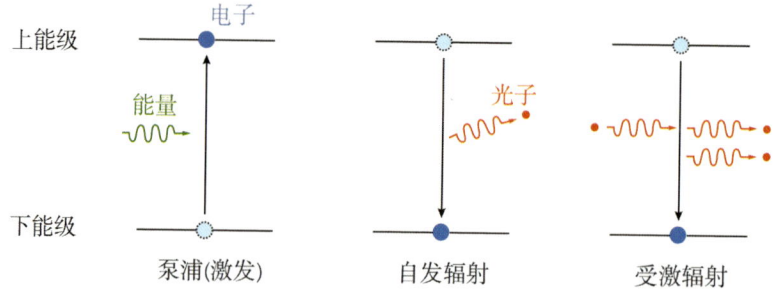

图 8.11 辐射场下电子在两能级体系统中的跃迁过程示意图

8.5b 激光的特点与激光器的性能

激光一经被发明,激光技术、理论就得到了迅猛发展,一方面是因为有工业应用的促进,但促进作用最明显的是其显而易见的军事价值。激光技术发展如此之快,新的激光技术或性能常常出现在应用之前,故关于激光有"解决方案找问题(solution looking for a problem)"的说法。

激光的特点包括高单色性、准直性、高亮度和相干性。如前所述,高单色性、准直性是有理论研究基础的,理论结果在前。至于相干性,笔者未见这一特点的理论基础,不知是否只是有了激光以后得到的观察现实。相干性在激光用于基础物理研究和通讯时具有重要意义,作为武器使用时则用处不大。其实激光的一个值得强调的特点是其物理参数允许大的动态范围,且具有极强的可操控性。激光可以深入微观、超快的世界,就微观世界、超快过程的研究而言,激光可以说是唯一的研究手段。

激光器的性能可由一组恰当的物理参数表征。激光的性能涉及如下几个物理参数:

1. 波长或者频率。如果是多模输出,则关切有哪些波长可用,如何实现输出频率的选择与切换。
2. 输出方式。输出方式分为连续输出和脉冲输出。如果是脉冲输出,则脉宽是多少,脉冲重复频率是多少。不管哪种输出,对于武器来说,持续输出时间长度也是个重要参数。
3. 输出功率。有时候,考虑到束斑有大小,光束的能流密度也许是个不错的参数。针对脉冲激光,会用脉宽和单脉冲能量这一对物理量来表示,比如(50 fs, 0.3 J)。

4. 光束的时空结构参数。当前对激光输出方式有了更高的要求,光束要有复杂的时空结构以满足特定的需求。横截面上的能量密度分布函数,以及该分布函数关于时间的变化,原则上可以表征光束的时空结构。高斯光束描述的是强度按照两变量高斯函数分布的光束,是常见的具有对称轮廓的波束。随着对激光输出方式要求的提高,非对称轮廓设计逐渐会成为常规要求。

目前,已有激光器的波长可以从微波一直扩展到 X 射线波段。太赫兹(10^{12} Hz)电磁辐射从前是自然界中少见的,在有了太赫兹光源以后也有了太赫兹激光。功率方面,连续光输出已有达 1 MW(Megawatt,10^6 W)的报道,脉冲激光输出可达 100 PW(Petawatt, 10^{15} W)。就脉冲激光而言,20 世纪 70 年代即有飞秒脉冲,当前阿秒(Attosecond, 10^{-18} s)激光是研究前沿,理论方面甚至有 Zeptosecond(10^{-21} s)激光脉冲的研究。

当前激光已经被广泛用于科学研究、国民经济各领域以及军事领域,如今连民间的弹弓都用上激光制导了。笔者以为,在军事领域激光实际上是不可或缺的首选。同其他武器系统相比,(激)光最大的优点是速度快,任何宏观物体的投送速度与光速相比都可以忽略不计。或者反过来说,用光进行打击几乎没有时间延迟,可看作是瞬时到达的。即便是实施全球打击,激光的时间延迟也小于 0.1 s(地球半径约 6400 km,光速约为 300 000 km/s)。如前所述,激光的优点包括准直性好、单色性、高亮度以及好的相干性。然而,优点往往也意味着缺点,高亮度可能意味着高传输损耗,准直性则意味着对打击目标的位置限制。

第八章 光与光学

军事应用对激光技术提出了极大的挑战,其面临的最大问题是攻击距离(射程)短和只能直线攻击的问题。

8.5c 激光制导

激光一经面世即被用于军事目的,首先是在寻的(定位、跟踪)系统中取代从前的无线电波,这是因为相应的应用对激光功率要求不高的原因。激光的一大特点是准直性好,加上单色性好、亮度够高(得益于探测器灵敏度的提高,还可以进一步降低对发射光束强度的要求),从被照射物体表面上反射的激光束容易被识别到并分辨出来(频率已知),因此激光的一个容易想到的军事应用是用激光进行目标指示。用于目标指示的激光光源即为激光指示器(laser designator)。从目标背反射的光,甚至漫反射的弱光都可以用于指示目标,导引攻击武器的飞行(图8.12)。用于指示的激光,既可以来自攻击武器本身,也可以

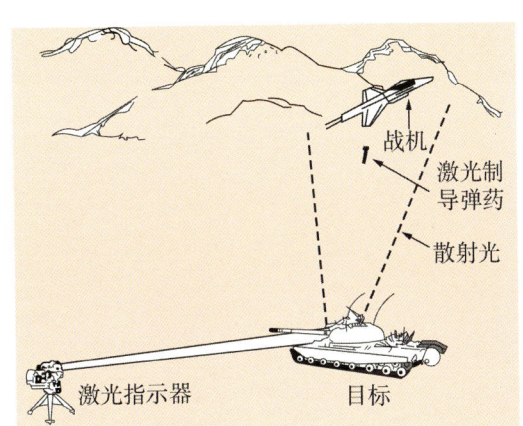

图 8.12 激光指引激光制导武器攻击目标的原理示意图

来自独立的光源,如今甚至有专门的无人平台。在后一种情形,攻击武器如何锁定来自目标的反射光不是一样容易的事情。复杂的导弹自身

会携带激光器以及合适的激光寻的装置,可灵活地提供侧视能力(field of regard, side looking),从而实现有效的锁定。可以想见,激光制导功能对探测系统捕捉到弱的散射光能力有较高的要求,要有高的灵敏度,有侧视能力,此外探测器还要设计成比如四块面板的方式,通过平衡各个面板上的光强来锁定攻击武器的飞行方向。

激光制导最怕的影响因素是恶劣天气。大气密度的剧烈涨落会带来对光的剧烈散射,使得反射光弱到不易探测的程度,无法定位。当前的激光制导距离大约在20公里的范围。

8.5d 激光武器

激光具有速度快的特点,就攻击速度而言,其他武器系统完全无法比拟。激光的毁伤可分为软杀伤和硬杀伤。软杀伤针对敌方的一些电子设备等,使其失去功能即为摧毁,此外还有针对人员的非致命杀伤等。激光摧毁敌方人员与设备"看"与"看见"的能力,这是用光制造黑暗。硬杀伤则是对敌方武器、堡垒、武器平台等实现熔化、燃烧等物理摧毁。实现远距离上金属的加热熔化或硬杀伤对激光功率(能量输出)提出了更大的挑战。

就当前可获得的激光功率而言,熔化各种金属早已不成问题。实际上在实验室内,激光轰击金属靶不只是能把金属熔化或汽化,而是到了能将出射物离化成等离子体状态的程度。比如使用掺钛蓝宝石为放大介质的飞秒激光器,波长 800 nm,功率可达 100 TW(30 fs, 3 J)甚至更高,焦斑直径可控制在 5—10 μm。在这种强光下,金属都会变成等离子体,其电子密度可达 10^{18}—$10^{23}/cm^3$,电子温度从几百到几千 eV,

第八章 光与光学

同时伴有从太赫兹到 γ 射线的电磁辐射。

激光作为武器,要考虑激光器的尺寸、重量、能耗以及输出功率。据信当前国际上激光的连续输出功率处于力求达到 1 MW 的水平。这样的输出在外太空作为攻击空间飞行器的武器是足够的。当然,高功率(能量)激光器的运行也需要庞大的电源供应,这也限制了其在空间的应用。激光武器地面应用的一大障碍是大气对激光的散射,具体散射程度取决于激光波长和功率。散射损耗迅速降低光束能量,使得光束失去打击能力。为了在大气环境下有效使用激光武器,克服大气对激光的剧烈散射是个无法避免的挑战。目前的研究对此问题关注较多。当前已有的解决方案是采用飞秒级脉冲激光,飞秒激光脉冲在空气中传播时借助等离子体自聚焦效应(plasma self-focusing),从而一定程度上减少强度损失,实现了激光的远距离直线传输。当前激光束在十公里级的距离上直接烧毁无人机,美国已经有多次演示。如何实现更多类型激光在更远距离上还大体保持实战强度的传输,是此方向关注的问题。

自聚焦是高强度激光同介质相互作用带来的折射率变化所诱导的一种非线性过程。当介质的折射率随光强增加时,则初始时强度有横向梯度的光束就会发生自聚焦现象。就大气环境下的激光武器而言,人们关切激光束在大气中的自聚焦。高强度激光同大气相互作用时可将气体离化成等离子体。激光在等离子体中可以因为热效应、相对论效应和有质驱动效应(ponderomotive effect)实现自聚焦。热效应源自辐射场通过碰撞对等离子体的加热,温度的升高引起流体力学膨胀(hydrodynamic expansion)从而导致折射率的增加。相对论效应是指等离子体中高速运动的电子会降低等离子体频率 ω_p（相对论修正后的等离子体角频率），故而增加了等离子体折射率（the plasma refractive index），由公式 $n_{rel} = \sqrt{1-\omega_p^2/\omega^2}$ 给出。ponderomotive 自聚焦由 ponderomotive force（有质动力。带电粒子在非均匀振荡电磁场中感受到的非线性力，$\boldsymbol{F}_p = -\dfrac{e^2}{4m\omega^2}\nabla(\boldsymbol{E}^2)$，其中 E 是光束的电场强度）造成：电子被从激光强度大的区域排挤走，故而提升了折射率，造成自聚焦。这些效应很难各自分开，对于给定的激光束，研究表明等离子体自聚焦效应要求的激光功率阈值约为 $P_{cr} = 17\,(\omega/\omega_p)^2$，单位为 GW，其中 ω_p 是等离子体频率。对应于波长 800 nm，电子密度可为 $10^{19}/cm^3$，这个阈值功率约为 3 TW。参数为 (50 fs, 1 J) 的脉冲激光其峰值功率即可达 20 TW，足以实现等离子体自聚焦。自聚焦效应为飞秒脉冲激光束打开了一个传输通道，延长激光束在介质中的传播距离。若高功率激光飞秒脉冲的非线性自聚焦效应足以克服折射效应，会形成丝状放电。对于超短脉冲（<100 fs），自聚焦会持续直到空气的多光子或者隧穿离化通过等离子体散焦效应制止脉冲崩塌，形成了直径约 100 μm 的高强度放电丝。自聚焦、崩塌制止和折射之间的交互作用使得高强度激光束的远距离自导引传播（self-guided propagation）成为可能。

激光的一大特点是其准直性，这一点对于激光作为地面打击手段恰恰是个致命的缺陷。光在大气中大体上沿直线传播，在整体上有弧度、局域上有起伏的地表上不能抵达指定目标。当目标距离较远时，这些问题变得尤为突出。激光要想成为远距离快速打击手段，就必须实现打击距离上的跨越——要能走弯路。

第八章 光与光学

从物理学的意义上说,光所走的路径,不管实际视觉效果是什么样子的,都是"直线"。这是由时空的本性所决定的。然而,我们需要的是视觉效果上的光的弯曲路径传输。这就要针对光营造一个恰当的瞬时局域弯曲空间,弯曲空间里光的直线传输就是我们坚持平直空间思维的视觉所见到的光的弯曲。如果想让光束走出视觉上"弯曲的"路径,就必须对光路上的大气环境进行设计、改造。对于激光武器来说,这个设计改造只能由激光束自身来完成。这里就有一个高通量激光弯曲路径设计问题,即激光如何利用在介质中传输的各种物理效应,为自身开辟一条弯曲路径来?基于1)类比光学(特别是光在非均匀介质中的传播)和广义相对论而来的想法;2)光谱学中的泵浦—探针法,即采用两束激光协同,一束激光用于对待测体系的激发(扰动),另一束激光用于对激发出的信号的探测;3)参照两种不同金属片的热膨胀弯曲的现象,笔者相信如何实现高通量激光弯曲路径传播的问题或许有解,其关键是让光束自定义弯曲路径。采用两束或者多束激光,通过强度—频率—脉冲波形与脉冲重复频率等参数的匹配设计,使得两个互相靠近的激光束的烧孔效应造成一束激光向一侧的挤压,类似两金属薄片热膨胀率不同造成的因温度变化引起的一侧向另一侧的挤压,从而造成激光束通过协同效应的弯曲路径传播。或者两束激光并行,脉冲出现级联,互为对方铺路(path paver),从而实现弯曲路径。一句话,就是针对光—大气等离子体相互作用开辟出光的可设计路径(designable path of light)这一学术领域和技术来。当然,这个初步想法是否现实,要通过研究激光—大气等离子体相互作用,重点是什么样的激光束时空形态匹配才能造成烧孔效应的几何构型出现一侧的不对称,来确立此一想法的可行性。

2020 年,关于光流体、结构光概念的研究(Matthieu Bellec,2020)进入笔者的眼帘,对这些概念不妨从军事意义的角度予以关注。如何让时空波束(波包)按照使用者的意愿去传输,最近有人作了有益的尝试。此项工作对如何理解时空光束的折射提供了一个几何框架,给出了光束群速度发生折射时满足的一个公式,即 $n(n-ñ)$ 不变,其中 n 是材料折射率,而 $ñ$ 是一个与波包内部自由度有关的一个指数。研究者指出,基于对波包的设计可以出现一些反常的折射行为,而这恰是设计弯曲路径所需要的关键因素。由此看来,光束诱导的反常折射原理上是有可能的,光束是可以自定义其路径的。笔者猜测,利用几何光束,配合光束之功率、脉冲宽度以及波包内部自由度的时空花样设计,是有望实现强激光束远距离弯曲路径的。

2020 年此方向上的另一个进展是,研究发现分立的雪崩点可以制止自聚焦,这为中等强度的激光束在大气环境中的自导引传播提供了新机制。比如,自聚焦的可控产生与避免能否造成激光的弯曲路径? 如何和何时才能现实激光的弯曲路径传输,取决于未来实际的研究进展。根据光束传输路径上会动态产生的时间依赖光学介质的性质进行结构化光束的设计,是解决激光武器化障碍的一个重要研究方向。非对称光束的聚焦烧孔—流体膨胀的交替振荡过程或许也能实现激光的弯曲路径。利用玻璃纤维实现的光路弯曲已经成了今天的通讯基础,利用激光—大气相互作用定义的弯曲光路也一定有实现的可能(图 8.13)。

| 第八章　光与光学

图 8.13　光束自定义弯曲路径的想象图

8.6　结束语

  本章对光与光学技术从军事应用的角度作了一个挂一漏万的肤浅介绍。光是我们同远方、同微观世界的唯一联系。人类对宇宙的认识几乎全是凭借视觉获得的(科学研究的第一步和第一要务是观察)。最近一百多年的研究,让我们理解了各种不同的发光机制,制造出各种光源,从而获得了更强大的认识世界、改造世界的能力。照明、伪装、隐身—反隐身等都是光学(视觉)与光学技术在军事领域的直接应用。激光的发明,让激光制导武器和光打击成为可能。未来的武器发展中,激光会一直是不可或缺的元素。2021 年,"以光速进行的战争(war at the speed of light)"的说法已被明确提出。光速具有超越性的意义,笔者相信具有自定义弯曲路径能力的高通量激光束,也许是真正意义上的终极武器。

参考文献

1. Justin Peatross, Michael Ware, *Physics of Light and Optics*, Brigham Young University, Dept. of Physics (2011).

2. Albert Einstein, Strahlungs-emission und -absorption nach der Quantentheorie（量子理论下的辐射发射与吸收）, *Verhandlungen der Deutschen Physikalischen Gesellschaft* 18, 318 – 323 (1916).

3. Albert Einstein, Quantentheorie der Strahlung（辐射的量子理论）, *Mitteilungen der Physikalischen Gesellschaft*, Zürich 16, 47 – 62 (1916).

4. Albert Einstein, Zur Quantentheorie der Strahlung（论辐射的量子理论）, *Physik. Zeitschr.* 18, 121 – 128 (1917).

5. Bahman Zohuri, *Directed Energy Weapons: Physics of High Energy Lasers*, Springer (2016).

6. Karl E. Renk, *Basic of Laser Physics*, Springer (2020).

7. William Kruer, *The Physics of Laser Plasma Interactions*, CRC Press (2003).

8. Louis A. Del Monte, *War at the Speed of Light: Directed-Energy Weapons and the Future of Twenty-First-Century Warfare*, Potomac Books (2021).

第九章
核物理与核武器

> There are no winners, only survivors.
>
> — Anonymous[①]
>
> It was important for the second-strike force to
>
> have first-strike capabilities …
>
> — Bernard Brodie, *Strategy in the missile age* [②]

摘要 原子是个古老的概念,18 世纪末对化学反应的研究即导致了原子由质量相同的更小单元所组成的构想。19 世纪末 20 世纪初关于气体放电以及放射性等领域的研究导致了电子、质子和中子的发现,逐步揭示了原子和原子核的构造。质能关系是电动力学和相对论的一个重要推论,而原子裂变与聚变现象的发现则导致了核能的利用。核物理的研究对人类社会的运行产生了不可逆转的变革。核武器暂时为人类带来了核恐怖笼罩下的和平。人类未来一定能找到免除核威胁的发展之路,期待哪怕核能的和平利用也成为历史。

关键词 原子,原子核,核子,放射性,质能关系,裂变,聚变,结合能,原子弹,氢弹,中子弹

---

① 没有赢家,只有幸存者。—— 佚名
② 第二波打击力量应该具有第一波打击的能力……—— 布罗迪,《导弹时代的战略》

9.1 原子与原子核的结构

原子(atom，ατομ)是个古老的概念,约在公元前6世纪的古印度就出现了,甚至那时就有二原子(dvyanuka)、三原子(tryanuka)的说法。古希腊的德谟克里特、留基伯等人即提出了原子学说。提起原子,当代人们很容易读到的关于原子结构的描述大约是这样的:"原子由原子核与绕其运动的带负电荷的电子组成,而原子核是由与电子数量相等的带正电荷的质子(proton)以及一定数量的电中性的中子(neutron)所组成。电子质量约为 0.91×10^{-30} kg,中子和质子的质量约为 1.67×10^{-27} kg,中子质量略大一点点儿。在给定元素的原子核中,中子数目分布在质子数目附近的一个小范围内。质子、中子合称核子(nucleon)。原子核是1911年由卢瑟福(Ernest Rutherford,1871—1937)发现的,质子是1920年由卢瑟福命名的,而中子则是1932年由查德威克(James Chadwick,1891—1974)发现的。"

读到这样的介绍,别人怎么理解的我不知道,笔者的理解是原子核的发现在核子(中子、质子)之前,而电荷是可以取值为 $q=(+1,0,-1)$ 的那种物理量。这个认识对不对,太值得讨论了。

先说原子核和核子的关系,不,原子和核子的关系。法国化学家拉瓦锡(Antoine Lavoisier,1743—1794)在研究化学反应的时候发现,欲描述化学反应,光有质量守恒是不够的。举例来说,对于化学反应 A+B→C,质量守恒关系式

$$m_A+m_B=m_C \tag{9.1}$$

是不足以确定这个反应的,还需要一个与此相独立的关系才行。拉瓦

第九章　核物理与核武器

锡发现,反应物以及生成物的质量之比总是一个小的整数比,比如对于 $H_2+O_2\rightarrow H_2O$,就有 $m_A:m_B:m_C=1:8:9$。拉瓦锡对此的诠释是,原子可能是不同的,但原子可能是由不同数目的组成单元构成的,原子的构成单元具有相同的质量。后来果然发现原子是由同样(质量)的单元构成的。当然了,事情比较复杂,原子的构成单元不是一种而是有三种,其中一种的质量可以忽略不计,另外两种是原子质量的主要构成,但它们之间也有细微的差别。最麻烦的是,原子里面除了有质量的故事,还有电荷和自旋的故事。然而,这才是一长串故事的开始,后来还有同位旋(isospin)、色荷(color charge)的故事。不过,你显然注意到了,核子的概念未必是出现在原子核的概念提出之后。

质子和电子的电荷被称为基本电荷,分别表示为 +1 和 -1 个基本电荷单位。如果电荷类似宇称算符,$PP=1$,故本征值只有 $P=1$ 和 $P=-1$ 两种可能的话,则世界是只有正负两种电荷的世界,$q=(+1,-1)$,这是一种极性的世界。只有质子和电子的集合,一样能够解释原子的质量、电中性甚至发光光谱等问题。但是原子中还存在中子,这名字本身就是强调其是电中性的。笔者的问题或者疑惑是,中子到底是电荷为零,即原子世界的电荷极性应为 $q=(+1,0,-1)$ 这样的三重态,还是中子就不该谈论电荷,原子世界的电荷极性就是 $q=(+1,-1)$ 这样的二重态? 当然我们知道,当前的理论是质子和中子具有同位旋对称性,它们都是由带电荷的夸克组成的,而夸克的电荷为 $\pm\frac{1}{3}$,$\pm\frac{2}{3}$。这个夸克理论看似解决了质子和中子的电荷以及质量问题,但是因为电子不是由夸克组成的,所以我们还是不知道原子的电荷极性

到底该是 $q=(+1,0,-1)$ 还是 $q=(+1,-1)$。我们期待一个统一考虑质子、中子和电子之电荷问题的物理理论。提醒一下,电荷极性到底是 $q=(+1,0,-1)$ 还是 $q=(+1,-1)$,有个可类比的图像,即对应 $l=1$ 的电子轨道角动量投影为 $l_z=(+1,0,-1)$,而自旋为 $l=1$ 的光子的角动量投影为 $l_z=(+1,-1)$。对这个问题的回答,也许是有意义的。

再说原子的图像问题。气体可以在电场下被离化、发光,但在气体非常稀薄时整个放电管是黑的但阳极却被照亮了,这引出了阴极射线的概念。阴极射线有动量,在电场、磁场下会偏转,最后导致了电子这个概念的提出。1897 年,汤姆孙(J. J. Thomson)发现了电子。既然有阴极射线,那就有阳极射线,带正电荷,关键是有好多种不同荷质比的阳极射线,不像阴极射线那么单纯。这使得这个方面的研究有点儿拖沓。原子里有电子和带正电的粒子,那么它们是怎么构成原子的呢?于是有了原子的李子布丁模型(说是球形果冻模型可能更形象):带正电的布丁上均匀分布着带负电荷的李子(电子)。1911 年,基于 1909 年的盖革-马斯登(Geiger-Marsden)α 粒子轰击金箔实验,卢瑟福提出了原子核加核外电子的原子模型。1920 年,卢瑟福通过 α 粒子与原子的碰撞发现从氮原子(核)里竟然跑出了荷质比最小的那个粒子,即从气体放电得到的第一(primitium)阳极射线,其对应纯净氢气情境下得到的阳极射线,故把这个荷质比最小的带正电荷粒子称为质子(proton,第一子),认为其是原子核的基本构成单元。但是,与电子等数目的质子,其质量之和却凑不齐原子(核)的质量,几乎还差一半。

法国人贝克勒尔(Henri Becquerel, 1852—1908)于 1896 年在研究

第九章 核物理与核武器

荧光现象时偶然发现铀盐会让包好的感光底片曝光。卢瑟福研究发现铀盐的放射物中有两种粒子，可记为 α 和 β 粒子，后者的穿透能力更强。1899 年卢瑟福发表了上述研究结果。1900 年，贝克勒尔测量了 β 粒子的荷质比，发现它就是气体放电中的阴极射线。1920 年卢瑟福假设带正电的原子核是由带正电的质子和一些中性粒子组成，中性粒子则是由质子和绕其运动的电子组成。这个假设以那时拥有的知识来看是合理的，此时阴极射线已经被发现 20 多年了。这是冲着解释原子核质量多于质子质量之和这个问题去的，用的是电荷只有两种极性，$q = (+1, -1)$ 的物理图像。

1931 年，博特和贝克（Herbert Becker，生卒年不详）用 α 粒子轰击锂、铍、硼等轻元素，发现经常会打出一种新的辐射粒子，穿透力极强，他们认为这是 γ 射线。约里奥-居里夫妇（Irène Joliot-Curie，1897—1956；Frédéric Joliot-Curie，1900—1958）用这种射线轰击石蜡等含氢物质，结果会得到高能质子。查德威克 1932 年通过一系列实验确认这种射线是不带电的、质量与质子相同的粒子，确认其为中子。此刻的中子是基本粒子，其由电子加质子构成的模型被从统计行为角度的考虑否决了。当然了，中子可以蜕变为质子加电子还有一个反电子中微子，

$$n \rightarrow p^+ + e^- + \tilde{\nu}_e, \tag{9.2}$$

说明中子的质子加电子模型也未必一点价值没有，这是后话。

到此时，原子和原子核的图像算是清楚了。原子由带正电、集中了几乎全部质量的原子核外加带负电的核外电子组成（图 9.1）。原子核由质子和中子组成，中子的数量在质子数量附近分布。原子核不稳定，

图9.1 原子($_3^7$Li)的简单示意图

会自发放射出 α 和 β 粒子,还伴随有 γ 粒子的发射。γ 粒子是法国化学家维亚(Paul Villard,1860—1934)在1900年研究镭的放射性时发现的,1903年由卢瑟福命名。α,β 和 γ 粒子分别是氦原子核、电子和(高能)光子,它们的特征也即被区分、被发现的理由是,α 粒子穿透力弱且可被电场偏转,β 粒子穿透力强且可被电场偏转,而 γ 粒子穿透力极强且不可被电场偏转。

原子核的研究一时成了20世纪物理学研究的最前沿。通过核武器的实现,核物理对人类社会的运行带来了不可逆转的变革。

9.2 质能关系

关于核能的关键概念是质能关系。质能关系是电动力学和相对论最重要的成果之一,公式

$$E = mc^2 \tag{9.3}$$

甚至被当作狭义相对论的标签。

质量和能量是物理学根深蒂固的两个概念,自然人们会思考它们之间的关系。1704年,牛顿(Isaac Newton,1642—1726)在《光学》一书中就曾发出疑问:"重物和光不可以互相转化吗?"19世纪末,一个待解的物理之谜是太阳的能量起源问题,另外一个是放射性过程所产生的高速粒子的动能来源问题。英国物理学家普莱斯顿(Samuel Tolver Preston,1844—1917)在 *Physics of the Ether*(以太的物理,1875)一书中

第九章 核物理与核武器

指出,若将物质分成以太粒子,这些以光速传播的以太粒子则代表着巨大的能量。1903 年,意大利人德·普莱托(Olinto de Pretto, 1857—1921)则假设分子、原子和亚原子粒子都能响应以太的振动,因此质量为 m 的粒子包含量为 mv^2(v 是以太振荡速度,即光速)的活力(forza viva),以此来解释放射性粒子的动能问题。至于普莱托把活力表达成 mv^2 的形式而不是那时已广为采用的 $\frac{1}{2}mv^2$ 的形式,原因不得而知。

质能关系在庞加莱(Henri Poincaré, 1854—1912)1900 年的文章 "La Théorie de Lorentz et le Principe de Réaction(洛伦兹理论与反作用原理)" 中是同一个悖论(电磁能的消灭与产生)相关联的。庞加莱认识到电磁能的行为如同具有惯性的流体,故他把"流动的"电磁场当成一种想象的流体。庞加莱提出了辐射动量的概念:"若一定体积内封闭了电磁能量 dE,则这种假想流体有动量,对应的质量为 $dm = dE/c^2$。"在 "Sur la dynamique de l'électron(论电子的动力学,1906)" 一文中,庞加莱为电子引入的拉格朗日量形式为

$$L = mc^2 - \frac{1}{2}mv^2, \tag{9.4}$$

也即电子的势能为 $U = mc^2$,静止的电子具有能量 $E = mc^2$。根据经典电磁学,一个粒子在电磁场中被电场加速做功,在 dt 时间内吸收能量为 dW(来自电场方向),获得往前的动量 p(来自洛伦兹力)为 dW/c。可以认定这些都来自电磁波,电磁波于是有关系

$$p = E/c, \tag{9.5}$$

这是个后来影响了量子力学建立的重要关系。19 世纪末到 20 世纪初的一段时间里,为了理解带电物体的质量如何依赖于静电场,那时已有

电磁质量的说法,甚至还分为纵向质量

$$m_L = m_0/(1-v^2/c^2)^{3/2} \tag{9.6a}$$

和横向质量

$$m_T = m_0/(1-v^2/c^2)^{1/2}。 \tag{9.6b}$$

1904 年,奥地利人哈瑟诺尔(Friedrich Hasenöhrl,1874—1915)计算空腔里热的辐射压力效果,得出的结果是,拥有辐射能量的空腔的质量有一个明显的增量 $m = \frac{8}{3}E/c^2$,后来又被修正为 $m = \frac{4}{3}E/c^2$。1907 年,普朗克指出吸收或者发射了热能的物体,其惯性质量变化为 $m - M = E/c^2$。普朗克讨论了运动体系的动力学问题,给出过 $M = (E_0 + pV_0)/c^2$ 形式的质能等价表达式,为的是给出一个不依赖于速度的体系质量。这些论证和公式多有可议之处,但都指向了能量和质量存在一定的对应关系。

爱因斯坦 1905 年的经典文章《物体的惯性依赖于其所蕴含的能量吗?》后来被当成是质能关系研究的起源。爱因斯坦考察原子发射一对方向相反的光子的过程,得到发射前后原子动能变化的公式 $T_0 - T_1 = \frac{1}{2}(L/c^2)v^2$。这个结果可以这样理解,一个物体发出了能量为 L 的光辐射,则其质量就减少

$$\Delta m = L/c^2。 \tag{9.7}$$

必须指出,这里的 Δm 是物体的质量损失,而 L 是光的能量——此公式中的质量和能量分属两个不同的主体。爱因斯坦接着说,如果本理论对应实际情况,则射线在发射体和吸收体之间传递了惯性(质量)。爱因斯坦的这个推导备受批评,但它是自相对性原理出发的推导,意味着

第九章 核物理与核武器

质量与能量之间的联系来自相对性原理的要求。

质能关系略显严谨一点的推导是利用电磁场借由洛伦兹力,

$$F = q(E + v \times B) \tag{9.8}$$

对电荷的做功过程。考察在某个参照框架内的粒子被从0加速到v的过程。在粒子自身所在的参照框架内,速度恒等于0,粒子所受的力总是纯电场力,即洛伦兹力只有来自电场的贡献:

$$m\frac{d^2\xi}{d\tau^2} = qE_\xi, \quad m\frac{d^2\eta}{d\tau^2} = qE_\eta, \quad m\frac{d^2\zeta}{d\tau^2} = qE_\zeta \text{。} \tag{9.9}$$

将电场和时空都变换到静止参照框架,可得到粒子在静止参照框架内其速度为v(假设速度v在x-方向上)时受洛伦兹力的运动方程为

$$m\gamma^3 \frac{d^2x}{dt^2} = qE_x, \quad m\gamma\frac{d^2y}{dt^2} = q(E_y - vH_z/c), \quad m\gamma\frac{d^2z}{dt^2} = q(E_z - vH_y/c), \tag{9.10}$$

计算粒子速度从0到v的过程中电场所做的功,得

$$W = \int_0^v m\gamma_u^3 u du = mc^2(\gamma_v - 1) \text{。} \tag{9.11}$$

上述公式中,$\gamma = \gamma_v = 1/(1-v^2/c^2)^{1/2}$。注意,在速度$v$为0时,$mc^2\gamma_v = mc^2$,因此公式$W = mc^2\gamma_v - mc^2$可诠释为对带电粒子所做的功等于做功过程前后的能量差,因此$E = mc^2$就被诠释为质量为m的粒子在静止参照框架内的能量,$E = mc^2/(1-v^2/c^2)^{1/2}$为在给定参考框架内速度为$v$时粒子所具有的能量。在速度$v \ll c$时,$mc^2/(1-v^2/c^2)^{1/2} - mc^2 = \frac{1}{2}mv^2$,此表达式退化到经典的动能表示。

关于质能关系,其含义是多重的。其一,对于一定能量的体系来

说,其动力学行为等价于一个质量为 $m = E/c^2$ 的质点。其二,对于给定的粒子来说,质能关系所表达的含义是,质量是物质所包含能量的量度,$E = mc^2$,这是某种意义上的潜能。其三,质量之携带者有将质量向可用能量转化的可能,质量损失同所释放的能量之间有关系 $\Delta m = E/c^2$。关于质能关系的理解是个渐进的过程,到 1934 年和 1946 年爱因斯坦还在尝试给出证明。关于质能关系,请参阅拙著《相对论——少年版》第七章。

爱因斯坦于 1905、1907、1910 年多次提及镭盐的放射性过程可以验证质能关系。把质能关系同结合能联系到一起的是普朗克(1906),不过例子用的是水分子的结合能。1911 年有了原子模型,法国物理学家郎之万(Paul Langevin,1872—1946)在 1913 年指出原子核内能的惯性质量可由对 Prout 定则(原子质量是氢原子质量的整数倍)的偏离而得到证实。1921 年奥地利物理学家泡利(Wolfgang Pauli,1900—1958)进一步指出,能量之惯性的规律(即质能关系)也许未来可通过观测原子核稳定性而得到验证。

质能关系是核能利用的科学基础。笔者注意到一个不物理的现象是,在谈论诸多物理问题时,人们太多地使用了能量的概念而忽视了具体的物理存在(能量携带者)以及其中的物理本质。必须指出,**能量只是个数学概念而已**。就核武器的实现而言,过程中涉及的粒子(包括光子)的具体性质才是理解问题的关键,仅仅关注能量是理解不了核武器的。

9.3 核裂变的发现

相较于带电荷的电子和质子,中子才是合适的用于轰击原子核的

第九章 核物理与核武器

弹丸。中子的质量比电子大但又不会如质子那样会被原子核静电排斥,速度不大的中子就能进入原子核。中子甫一发现,意大利物理学家费米(Enrico Fermi,1901—1954)就认识到了这一点。用 α 粒子轰击比如铝原子核,会让一些原先不是放射性的原子核有了放射性,这就是约里奥-居里夫妇于 1934 年发现的人工放射性。费米用中子进行诱导人工放射性的研究,逐步把眼光瞄向了重原子核。当时已知最重的原子核是铀原子核 U-238($Z=92$)。据信在实验中入射中子被 U-238 原子核俘获,产生了质量更大的原子核,费米对此(含糊的)结果很满意。然而,1938 年费米携全家去瑞典领诺贝尔奖,借机离开欧洲去了美国,他的这项工作也因此中断了。

同时期有很多科学家在研究中子轰击铀原子核,其中包括约里奥-居里夫妇,以及德国化学家哈恩(Otto Hahn,1879—1968)和他的奥地利女助手迈特纳(Lise Meitner,1878—1968)。后来迈特纳于 1938 年逃离德国去了瑞典的斯德哥尔摩,哈恩和助手斯特拉斯曼(Fritz Strassmann,1902—1980)继续这项工作。哈恩和斯特拉斯曼发现轰击的产物里总有元素钡(Ba,$Z=56$)的出现,这太奇怪了。迈特纳是维也纳大学的物理博士,应该更懂核物理,于是哈恩把发现写信告诉了迈特纳,希望她能给出合理的诠释。这大约是 1938 年圣诞节时候的事儿。迈特纳在和表侄弗里施(Otto Frisch,1904—1979)——其人当时在哥本哈根的玻尔研究所工作——讨论这个问题时,后者提及玻尔曾说过原子核可能不一定如卢瑟福设想的那样是硬核,而是跟水滴一样是柔软的。迈特纳假设原子核是水滴状的,会振荡、拉长、分裂(图 9.2)——这就是著名的原子核液滴模型(liquid drop model)。更精确的有核壳层模型（nuclear shell model）。她算了算，一个铀原子核分裂事件能释放约 200 MeV 的能量①。迈特纳马上想到这个释放的能量来自质量（损失）。弗里施的一个朋友告诉他这个原子核分裂类似细胞分裂，于是他借用了生物学的 fission 一词儿来描述核裂变。弗里施和迈特纳的文章于五周后发表在《自然》（*Nature*）杂志上。迈特纳发表这篇文章没告诉哈恩，哈恩自己报道核裂变的文章略在前，但没有裂变模型的内容。哈恩因核裂变现象的发现获得了 1944 年的诺贝尔化学奖。

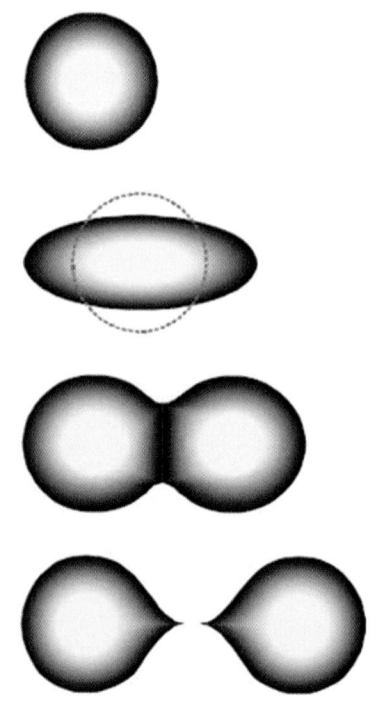

图 9.2　原子核的液滴分裂模型

对于给定的元素，其原子核中质子数目是一定的，而中子数则在质子数附近的一个小范围内变化，故原子核的质量数也是在一个小范围内变化的。同一种元素之原子质量数不同的变种称为该元素的同位素（isotope）。天然的铀元素有 U-238（99.2739%—99.2752%），U-235（0.7198%—0.7202%）和含量极少的 U-234（0.0050%—0.0059%）等同位素。（慢）中子轰击 U-235 核变成了 U-236 核，后者跟水滴似的发生振荡分裂成两大块，一块是 Ba-141 核，一块是 Kr-92 核，见图 9.3。

---

① 迈特纳的原文中没有计算。此处引述的计算在某本书里还被当作例题了。原谅笔者很难相信那个计算是正确的。

第九章 核物理与核武器

元素氪(Kr)是惰性元素,作为物质是单原子构成的气体,不易被探测,怪不得不是通过它发现核裂变的。请大家注意一个小细节(小细节才关键!),141 + 92 = 233,也就说光计入 Ba-141 核和 Kr-92 核,则裂变后的核子数少了 3 个,实际上应是中子数少了 3 个。实际情况是,U-236 核是裂成了五块儿,除了两个原子核以外,还有三个孤立的、具有一定动能的中子(零散中子数目取决于分裂成了什么样的轻原子核)。恰恰是这三个不起眼的、速度较慢的中子,触发了核能利用的时代——大幕就是这么在不经意间被拉开

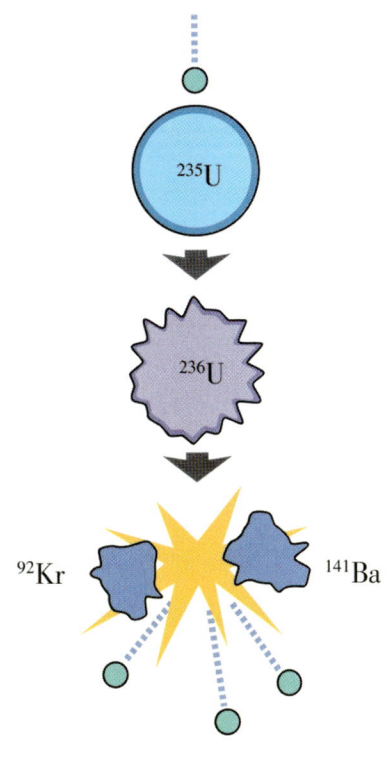

图 9.3 中子轰击 U-235 诱导的核裂变过程

的。这个原子核分裂产物的分布问题,同其他同样的碎裂过程有普适的特性。日常生活里都见过这样的一幅图景:把一个干馒头掰成两半,一定伴随着产生一些小碎屑(图 9.4);划开一块玻璃,也一定会崩出一些小碎渣;一个大公司分拆,一定会有几个员工离职。其实,掰一根干面条,掰断了也是断成三截或者更多截,这一点容易自行验证,这个方向的研究是应用物理的一个有趣话题。当然了,重原子核裂变也可能裂成三个及三个以上的原子核,不过概率很小(U-235 三原子核裂变的概率约为 0.2%—0.4%),忽略不论。

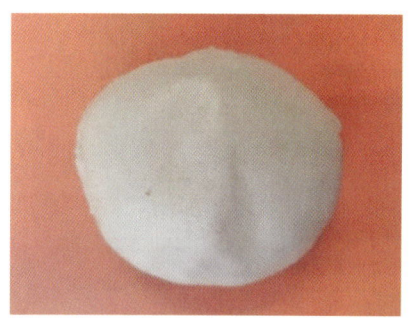
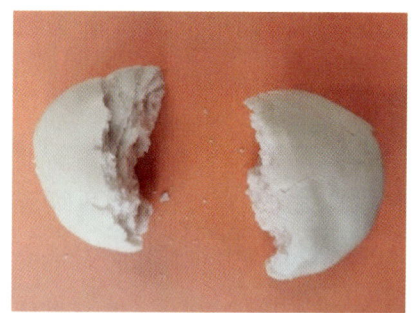

图9.4 干馒头掰成两半,会伴随产生很多小的碎屑

9.4 链式反应与原子弹

弗里施写论文时向玻尔(Niels Bohr, 1885—1962)提及了他和迈特纳关于原子核裂变模型的讨论,玻尔当时正准备去美国,没有多问。据说玻尔答应弗里施在他们的文章发表前不和别人提起此事。不过,如同所有的"我告诉你一个秘密,你可得给我保密啊"这类故事,结果一定是秘密立马变得尽人皆知。玻尔显然为核裂变的发现感到兴奋,他和合作者罗森(Leon Rosen,生卒年月不详)在去往美国的船上即开始讨论,想捣腾出裂变的更多细节,因为他知道核裂变一定会释放出来很多能量。但是,在核裂变这里,有一个中子实实在在地诱导出了多个中子从而使得释放能量的过程能一直进行下去,这才是问题最关键的地方。玻尔和罗森在纽约受到了费米和惠勒(John Wheeler, 1911—2008)的欢迎。据说是罗森把发现核裂变的消息告诉别人的,反正吧,一下子全美国的物理学家都知道核裂变及其机理诠释了。既然大家都知道了,玻尔干脆就在1939年的华盛顿理论物理大会上作了个专题报告。费米马上在哥伦比亚大学开始实验,迅速验证了核裂变确实存在。

第九章　核物理与核武器

接下来的故事就是大家耳熟能详的了。既然一个中子诱发的核裂变产生了多于一个的中子，那么若二次中子继续引起裂变，这就会造成链式反应（图9.5），核分裂事件数就会成幂函数式增长，这会造成大量能量的释放。玻尔邀请惠勒和他一起研究具体的可行性。当然，关于什么速度的中子遇到什么样的铀材料（即什么样的成分与尺寸）才能引起链式反应，别说没理论，就是有理论也不好使，于是在普林斯顿建立了实验装置来研究裂变速率同中子初始速度（能量）的关系，结果发现是个两头翘的曲线，即在高速和低速两端都有较大的裂变速率。其实，是 U-235 核容易由慢中子引起裂变，U-238 核容易由快中子（一般指动能在 1 MeV 以上的中子）引起裂变。由于裂变产生的二次中子速度较慢，实际上是说 U-235 更适合用来产生链式反应，用于制造原子弹。既然是德国人先发现的核裂变，容易想到德国人可能也明白这个机理可用于造原子弹。

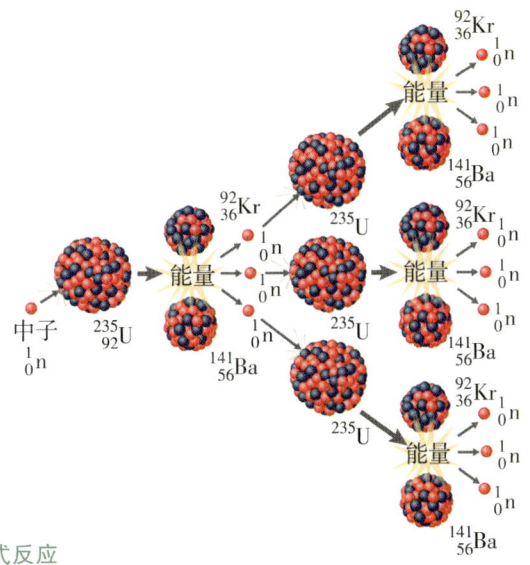

图 9.5　U-235 核的链式反应

接下来非物理的故事就是美籍匈牙利人西拉德（Leo Szilard，1898—1964）担心德国先造出原子弹，求物理学家拉比（Isidor Isaac Rabi，1898—1988）连夜开车去长岛找爱因斯坦签署一份呼吁，然后求一个熟人递交给时任美国总统罗斯福。罗斯福于 1939 年 10 月下令成立了铀问题咨询委员会，并拨款 $6000（没错，是区区六千美元）开展中子研究。接下来就是建立核反应堆，让裂变过程慢下来才能可控地进行，才能仔细研究。1941 年 12 月 6 日，罗斯福总统批准了曼哈顿工程，美国正式开始造原子弹。

一个（U, Pu）原子核的裂变约需 7—8 MeV 能量的注入。由 U-238 原子核俘获一个自由中子的能量收益约为 6 MeV，缺少的那部分能量就靠入射中子的动能了。然而，裂变产物中的二次中子，其能量最可几值在 2 MeV，方差却只有 0.75 MeV，这样半数以上的中子都不足以引起裂变反应。如果入射中子动能不够大，中子就只是简单地被吸收入原子核而已，比如见于反应

$$n + {}^{238}_{92}U \rightarrow {}^{239}_{92}U。 \tag{9.12}$$

而对于 U-235 核来说，由于俘获一个自由中子的能量收益约为 7—8 MeV，因此无需要求中子具有大的动能，具有少量动能（运动的中子自然具有动能）的慢中子就可以引起 U-235 核的裂变。U-235, Pu-239 的中子数是奇数，都是裂变核。对铀元素来说，平均每个核子的结合能（可理解为将原子核打碎成单个核子所需要的能量）约为 7.6 MeV，而在裂变产物中平均每个核子的结合能约为 8.5 MeV，这一点对 U-235, U-238 来说差别不大，也就是说一个原子核裂变事件可以释放核子数乘上 0.9 MeV 的那么多能量。与此相对，化学反应中每个事件涉及的

第九章 核物理与核武器

能量是 eV 量级的,相差 6 个数量级,这就是核武器与常规炸药之间威力有巨大差别的地方。

U-235 是裂变核,但天然铀中 U-235 却只占约 0.72%。为了获得持续的铀核裂变,应提高铀材料中 U-235 的含量,浓度达到 3%—5% 即可供一般的反应堆用于核能的和平利用。U-235 浓度高于 20% 的铀即称为高浓缩铀。虽然理论上 20% 的浓度已经达到武器级了,但铀弹中高浓缩铀 U-235 浓度通常要高达 85%,甚至有达到 97% 的。由此可见,要获得浓缩 U-235 以及其他裂变材料,其技术基础是同位素分离。英国物理学家汤姆孙(J. J. Thomson)在 1913 年首次实现了同位素分离。分离同位素很难,但追求 U-235 的纯度是值得的,可以减小原子弹所需的核材料的临界质量。对于浓度 20% 的 U-235,临界质量约为 400 kg;若使用高浓缩铀,常规原子弹里的 U-235 临界质量可减至 40—50 kg 的量级。此为原子弹弹头小型化的一个关键。弹头小型化问题更多是出在核武器弹头设计技术细节上,而非原理性问题上。

U-238 在铀同位素中的比例超过 99.2%,如何利用 U-238 的裂变能便成了核能利用的主要研究方向。元素钚(Pu)是 94 号元素,乃为原子序数最大的天然元素。用氘核 $_1^2 H$ 轰击 U-238,人们在 1940—1941 年间合成了 Pu-238。U-238 也可以俘获中子并经过 β 衰变变成 Pu-239。Pu-239, Pu-241 都能维持链式反应,而 Pu-240 则会自发裂变。可将 U-238 转化为 Pu-239 再加以利用,这是制造核武器的一个有效途径。制作核武器的 Pu-239,临界质量约为 10 kg,不到铀临界质量的 1/3。通过优化设计,钚弹的临界质量甚至可降至约 4 kg。显然,钚弹是 U-238 的一种间接利用。

9.5　聚变反应与氢弹

质能关系启发人们，如果核反应的产物总质量比反应物的小，就有大量释放能量的可能。换另一套语言来说，若反应前核子的平均结合能比反应后的要小，则有释放大量能量的可能。由重原子核分裂得到轻原子核的过程是裂变，由轻原子核结合获得重原子核的过程是聚变（fusion）。1920 年，英国人爱丁顿（Arthur Eddington，1882—1944）建议用 H + H→He 的聚变来解释太阳能量的来源（光谱分析显示阳光主要是氢元素发光贡献的）。照射到大地上的太阳光谱是太阳因之升温（当然是经过一个非常复杂的过程链。太阳的表面温度约为 5500 ℃）对应的辐射谱，故而不妨说太阳能是安全距离上的核能。1929 年，德国科学家洪特（Friedrich Hund，1896—1997）提出了量子隧穿效应（quantum tunneling effect），即粒子有一定的概率穿过高于其动能的势垒——在经典物理中，这是绝对不允许的（图 9.6）。打个不太恰当的比方，老虎有一定几率穿过高度超过其跳高能力的围墙。设等高势垒宽为 L，势垒高度为 V 大于粒子的动能 E，则量子隧穿几率约为

图 9.6　崂山道士穿墙，可看作是对量子隧穿效应的演示

第九章 核物理与核武器

$$T = e^{-2\sqrt{\frac{2m(V-E)}{\hbar^2}}L}, \tag{9.13}$$

可见能量缺额越小、墙越薄,这个几率越大。这为接受一些中间过程能量要求较高的原子核反应过程提供了理论基础,或者说是做好了心理准备。不久,阿特金森(Robert Atkinson,1898—1982)和胡特曼斯(Fritz Houtermans,1903—1966)比较当时测量到的轻元素核的质量,发现聚合反应确实也可以获得能量。实际上,聚合产物轻于 Fe-56 或者 Ni-62 核的都会释放能量。1932 年,奥利凡特(Mark Oliphant,1901—2000)在实验室实现了氢同位素的聚变反应。利用核聚变过程释放能量的武器就是核聚变武器。曼哈顿工程中的一部分自然而然地包括核聚变武器可能性的研究。自支持的核聚变反应在 1952 年即已实现。

第 1 号元素氢有三种同位素,^1_1H(H,Protium),^2_1H(D,deuterium)和^3_1H,(T,tritium),汉译氕、氘和氚。利用氢同位素氘和氚原子核的聚变,可以制造氢弹。氘和氚原子核的聚变过程,

$$^2_1H + ^3_1H = ^4_2He + n + \gamma, \tag{9.14}$$

一个聚变事件释放能量约为 17.59 MeV,表现为中子和氦原子核的动能以及 γ 光子的能量(图 9.7)。在有光子发生的情形下,氦原子核和中子的动能会有较大的分布范围;若无光子发生,则动能和原子核质量成反比,一个反应截面非常大的能量分配是氦原子核和中子的动能分别是 3.52 MeV 和 14.06 MeV。

欲让两个氢原子核发生聚变,必须

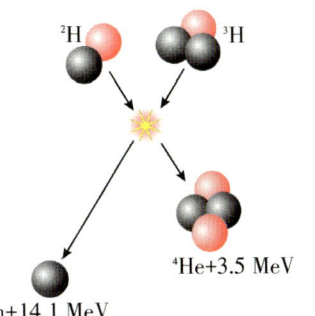

图 9.7 氘和氚原子核聚变反应

首先让它们接近到原子核大小的距离上,即 10^{-15} m 的量级,为此要克服的来自带正电的原子核之间的静电排斥所造成的势垒约为 0.1 MeV,即 1.0×10^5 eV。如何能让氘和氚原子核克服这么高的势垒呢?一个可行的方案就是利用裂变过程释放的能量对氢进行加热。注意,1 eV ~ 11 600 K,则 300 MK ~ 2.58×10^4 eV。也就是说,300 MK 的温度对应的平均能量是 2.58×10^4 eV,根据统计力学则有相当数量的氘和氚原子核具有 1.0×10^5 eV 量级的动能,加上量子隧穿效应的考虑,则有相当数量的氘和氚原子核有足够大的几率靠得足够近,从而引发核聚变。

由此可以理解为什么氢弹的第一级是用 U-235 或者 Pu-239 制成的裂变弹,第二级为一个单独的核聚变装置。初级爆炸形成的温度可高达 100 MK,并产生大量的 X 射线。X 射线能量落到了作为第二级外壳的减压装置(pusher/tamper)上,引起了钚火花塞(plutonium spark plug)的内爆,钚燃料的密度迅速上升到进入超临界状态的程度,开始裂变链式反应。裂变产物将钚火花塞周围的超致密的热核燃料加热到高达 300 MK,从而引爆聚变反应。在一般的热核弹设计中,小型裂变弹和热核燃料放在一起,然后封装在一个厚的辐射外壳中,而外壳可以用贫铀或者天然铀制成。热核反应所产生的大量中子可以诱导外壳材料 U-238 的裂变,从而提高爆炸威力。来自外壳部分的裂变能量甚至达到总能量的 50%。也就是说,实际的氢弹,其爆炸过程依顺序为 (U-235,Pu-239)裂变→氘/氚聚变→U-238 裂变。

然而,实际制造氢弹会遭遇许多科学和技术门槛。氢弹使用气态的氘和氚这两种同位素除了要预先制备外,另一个缺点是,气体的氢之各同位素都会有泄漏的问题,这无疑会影响氢弹的可靠性。这与密封

第九章 核物理与核武器

技术无关,而是因为氢分子太小,总能从用别的原子堆积出来的固体材料的缝隙中逸出。作为参考,请注意氢气分子 H_2 的键长约为 0.74×10^{-10} m,而一般固体材料的原子间距约为 2.0×10^{-10} m,何况实际材料中的缺陷、缝隙要比这个大得多。为了避免氢气泄漏的问题,一个解决方案是使用固体的氢化锂(LiH)。将金属锂暴露于氢气就能生成氢化锂,其熔点为 688.7 ℃。氢化锂粉末可以压片,也可以在氢气环境中用熔融法进行晶体生长。^{6}LiD 是热核武器的主要聚变燃料。裂变弹引发的爆炸挤压 ^{6}LiD,其释放的中子轰击 ^{6}LiD 产生 T,

$$^6\text{Li} + n \rightarrow {}^4\text{He} + T + 4.784 \text{ MeV}。 \quad (9.15)$$

接着 T 和 D 发生聚变。在极端条件下快中子轰击 ^{7}Li 也能产生 T 核,

$$^7\text{Li} + n \rightarrow {}^4\text{He} + T + n - 2.467 \text{ MeV}。 \quad (9.16)$$

此外,^{7}LiD 是核反应堆用的优良慢化剂,因为 D 核的中子吸收界面小,而 ^{7}Li 的中子吸收界面也小,故中子轰击下 T 的产率也小。

9.6 中子弹

中子弹又叫辐射增强武器。从设计上让热核弹头的爆炸威力减小而故意增加中子辐射即可获得中子弹,为此热核反应和聚变反应的封装材料改为选择用中子透明材料甚至是强化中子产率的材料。原则上,任何低当量核武器(low yield nuclear weapon)都是辐射武器。作为战术武器用,不带电的高速中子更容易穿透装甲。如果在敌方裂变武器的近处爆炸,中子弹会引起裂变武器的部分裂变,使之不能正常发挥作用。由于中子会从中子弹爆炸处迅速消失(飞走或者被吸收),因此

使用中子弹摧毁敌方力量后还容许后续的占领。

9.7 从恐怖笼罩下的和平到永久和平

1945年7月16日,第一颗原子弹(钚弹)试爆成功,人类从此走入被核武器恐怖笼罩的时代。1945年8月6日在日本广岛,8月9日在日本长崎,美国分别投下了代号为"小男孩"(铀弹)和"胖子"(钚弹)的两颗原子弹,大大加速了第二次世界大战的终结过程。

图9.8 我国爆炸第一颗原子弹

核武器的巨大威力,让苏联、英、法和我国等一些国家在第二次世界大战后都先后开展了核武器的研究。我国分别于1964年10月16日和1967年6月17日成功爆炸了第一颗原子弹(图9.8)和第一颗氢弹,从此我国也成了拥有核武器的国家。多亏了核武器的研制,我国才摆脱了来自恶势力的核讹诈,国家才得以安享和平建设的机会,有了今天的繁荣局面。

自第一颗核武器诞生到如今(2022年)已经过去了77年,拥有核武器构成的相互吓阻似乎避免了第三次世界大战的爆发,核能的和平利用成了与核武开发相平行的主流,也成了未拥有核武器的国家研制核武器的幌子。福兮祸兮,核武器的功过是非只有历史才能够回答。然而,必须看到,靠相互吓阻达成的和平终究是核武器恐怖笼罩下的和

第九章 核物理与核武器

平,是脆弱的和平,那不是我们人类的理想。笔者坚信,随着全球化的进展,随着科学技术进步带来的生存条件的改善,人类终于会融合为一个和谐的大家族,会为人类社会找到永久和平发展的路径。那时候,核武器作为曾经的存在,也许会退化为仅存于核物理教科书中的旧话题,甚至核能的和平利用也将归于历史的尘埃。

参考文献

1. Ernst Rutherford, Nuclear Constitution of Atoms, *Proceedings of the Royal Society A.* 97(686), 374–400 (1920).
2. Werner Heisenberg, Über den Bau der Atomkerne I, *Zeitschrift für Physik* 77 (1–2), 1–11 (1932); Über den Bau der Atomkerne II (原子核结构), *Zeitschrift für Physik* 78 (3–4), 156–164 (1932).
3. Albert Einstein, Zur Eletrodynamik bewegter Körper (论运动物体的电动力学), *Annalen der Physik* 322 (10), 891–921 (1905).
4. Albert Einstein, Elementary Derivation of the Equivalence of Mass and Energy, *Bull. Am. Math. Soc.* 41, 223–230 (1935). reprinted in *Bulletin (New Series) of Am. Math. Soc.* 37, 39–44 (1999).
5. Max Planck, Das Prinzip der Relativität und die Grundgleichungen der Mechanik (相对性原理与力学基本方程), *Verh. Deutsch. Phys. Ges.* 4, 136–141 (1906).
6. Max Planck, Zur Dynamik bewegter Systeme (运动体系的动力学), *Annalen der Physik*, Vierte Folge 26 (6), 1–34 (1908).
7. 曹则贤,相对论——少年版,科学出版社 (2020).
8. Lise Meitner, Otto R. Frisch, Disintegration of Uranium by Neutrons: A New Type of Nuclear Reaction, *Nature* 143(3615), 239(1939).

9. Raymond Murray, Keith E. Holbert, *Nuclear Energy: An Introduction to the Concepts, Systems, and Applications of Nuclear Processes*, Butterworth-Heinemann (2019).
10. Joseph Siracusa, *Nuclear Weapons: A Very Short Introduction*, Oxford University Press (2015).

第十章
物理学视角下的军事战略

> 道可道，非常道；名可名，非常名。
> —— 老子，《道德经》

> 大智不智，大谋不谋。
> —— 姜望，《六韬》①

摘要　战争是物理空间里发生的真实物理事件。许多物理原理与理论可以启发我们从科学的视角去思考战略问题。对偶性、虚实、奇正、形—势、不变性等既见于经过实战检验过的兵书战策，也恰是关键的基本物理概念。有必要从物理学的角度认真思考新战争形态下的战略问题。

关键词　战略，对偶性，虚实，宇称(奇正)，维度扩展，形—势，不变性

---

① 姜望，也称姜尚、吕望、姜子牙。《六韬》据信成书于战国时期。

10.1 兵书战策

战争是热力学规律在高等动物群体中的必然表现。小到一个村落，大到一个国家，可能都曾经历过生死存亡时刻。一个国家、一个民族的历史，其最主要的部分就是战争史。在连绵不断的战争中生存下来的文明，对战争必有沉痛的反思，也必有深入的研究，最终在古老文明中形成了说来苦涩的战争艺术（L'arte della guerra）。战争艺术见于兵书战策的沉淀，在我国就有古代的《孙子兵法》（春秋时孙武著）、《孙膑兵法》（战国时孙膑著）、《吴子》（战国时吴起著）、《六韬》（姜望著）、《尉缭子》（战国时尉缭著）、《司马法》（相传源自姜尚等人）[①]、《素书》与《三略》（相传为秦末汉初黄石公著）、《李卫公问对》（隋唐时李靖著）、《太白阴经》（唐朝李筌著）、《虎钤经》（宋朝许洞著）、《纪效新书》和《练兵实纪》（明朝戚继光著）、《草庐经略》（明朝无名氏撰），等等。现代的毛泽东主席于 1938 年所著《论持久战》一书可说是我国的又一伟大战略经典。在世界层面上，来自古罗马弗隆蒂努斯的《谋略》（Sextus Iulius Frontinus, *Strategemata*，公元 1 世纪）、意大利马基雅维利的《战争的艺术》（Niccolò Machiavelli, *Dell'arte della Guerra*）、德国克劳塞维茨的《战争论》（Carl von Clausewitz, *Vom Kriege*）、俄国苏沃洛夫的《制胜的科学》（Алекса́ндр Васи́льевич Суво́ров, *Наука побеждать*, 1796）、瑞士军事家约米尼的《战争艺术概论》（Antoine Henri Jomini, *Précis de l'art de la guerre*, 1838），都是广为流传的早期战争谋略经典。

[①] 有其为战国时司马穰苴所著《司马穰苴书》的说法。另，为尊重文献出处，本书对姜尚、姜望的称呼未作统一。

第十章 物理学视角下的军事战略

至于意大利杜黑的《制空权》(Giulio Douhet, *Il dominio dell'aria*, 1913,此人也写过《战争的艺术》)、德国鲁登道夫的《总体战》(Erich Ludendorff, *Der totale Krieg*, 1935)、英国赛阿勒的《装甲战》(Alaric Searle, *Armoured Warfare*, 2017)、英国富勒的《战争的实施》(J. F. C. Fuller, *The Conduct of War, 1789—1961*, 1961)、美国布罗迪编辑的《绝对武器》与《导弹时代的战略》(Bernard Brodie, *The Absolute Weapons*, 1946; *Strategy in the Missile Age*, 1959)等,以及乔良、王湘穗合著的《超限战》(1999),则更多是带上了技术色彩的当代战争策略论述。

一个国家,如果没有人通晓战略,已经未战先输了。近代中国革命的成功、反侵略战争的成功,很大程度上要归功于毛泽东作为一个伟大战略家的贡献。

面对当前的国际局势,有必要看到随着人类社会的发展,未来的战争总会不断呈现出新的特点,特别地,未来世界的发展会生长出新的战争维度。新时代的局势呼唤多学科、多领域协同的战略研究,包括狭义的军事战略研究和广义的国家长期发展战略研究。相关话题过于宏大,超越本书的讨论范围。笔者此处略提起此话题,旨在引起有关方面对相关问题的重视。笔者浏览过一些兵书,但未对军事战略有过任何研究,故对军事战略一事不敢置喙。然而,笔者注意到,在一些兵书战策中出现的智慧,其实是基本物理思想的反映,毕竟战争也是物理的人在物理的空间里凭借物理的手段所进行的物理的活动。兵法之道就是自然之道。从物理的角度审视一些军事策略,或许能得到一些有益的思考。本文仅就几个概念稍加阐述,无力引申,聊作引玉之砖。如下内容多从《孙子兵法》出发来展开讨论,可作战略联想的关键物理概念包括对偶性(二象性,duality)、宇称(parity)、虚实、维度扩展(dimension extension)、协同与自组织(synergy and self-organization),等等。其中或有牵强处,方家请择机下场亲炙为盼。

10.2　战争中的对偶性问题

战争的参与者分为敌我两方。就战争的总体谋划与具体执行而言,都要求从敌我两方的角度交替地动态考虑问题。这一点,笔者以为是《孙子兵法》等古老战争智慧最值得推崇的地方。这就牵扯到对偶性的问题,英文为 duality,词干的字面意思是"二",与决斗"duel"同,说的是"互为存在前提的两方面的事情"。战争中涉及的敌我、主客、攻守、虚实等关键概念,都可以从 duality 的角度加以深入理解。《孙子兵法》里的"知彼知己,百战不殆","先为不可胜,以待敌之可胜。不可胜在己,可胜在敌","故不尽知用兵之害者,则不能尽知用兵之利也";《李卫公问对》中的"(兵法)千章万句,不出乎致人而不致于人已","攻是守之机,守是攻之策",等等,都可看作是从对偶的角度看待战争问题的习惯性思维。

在数学、物理领域,duality 是个随处可见的概念,具有普遍性的意义,且意思略有出入。duality 的汉译各有不同,难免顾此失彼,故而此处偶尔使用英文原文。互为对偶的对象,可理解为针对某一特定关系给联系到一起的一对儿。duality 具有非常高的地位,按照英国数学家阿提亚(Michael Atiyah, 1929—2019)的说法,对偶性在数学中不是定理,而是原则(Duality in mathematics is not a theorem, but a "principle"!)。duality 在数学、物理中的普遍性是其客观意义的体现,因此从 duality 的角度去思考战争,愚以为,也便有了合理性。

第十章　物理学视角下的军事战略

兹略举几例,以便读者们能找到一些感觉。

例一　维度互反对偶性

三维空间中的凸多面体,满足欧拉公式 $V-E+F=2$,其中 V 是 0 维几何对象顶点的数目,E 是 1 维几何对象边的数目,F 是 2 维几何对象面的数目。注意,公式中的 V 和 F 可以交换,实际的物理世界中也可以交换,故而存在 duality。比如立方体(8 顶点、12 边、6 面)和正八面体(6 顶点、12 边、8 面)是对偶的,正十二面体(20 顶点、30 边、12 面)和正二十面体(12 顶点、30 边、20 面)是对偶的,而正四面体(4 顶点、6 边、4 面)是自对偶的。另外一个几何对偶的例子是平面上分立分布的 Delaunay triangulation(Delaunay 三角化)与 Voronoi graph(Voronoi 图),Voronoi 图中围绕一个点的多边形(主要是六边形)称为 Voronoi Cell(Voronoi 单胞)。设想桌面上撒了一把黄豆,从一粒黄豆出发向近邻的其他黄豆连线,得到的由三角形拼起的铺排花样(tessellation)就是 Delaunay 三角化,每一粒黄豆就是一个节点。与此对偶的是做相邻黄豆连线的垂直平分线,这样得到的铺排花样是一个 Voronoi 图,每一个多边形的 Voronoi 单胞中包括一粒黄豆(图 10.1)。Delaunay 三角化与 Voronoi 图的对偶关系对于理解疆域变动、城市规划或者战场上的兵力配置或有启发意义。简单说来,如果每一个节点代表一个国家的中心位置,假设各国(军事)能力是整齐划一的,则 Delaunay 三角化是邻国间的高效连结而 Voronoi 图是国家间的合理疆界。如果各国的能力不一致,则应该经过某种加权衡量后做垂直分割线。如果考察战场的动态变化,设想每一个节点上是一队士兵,其自己这一方相互支援会看到 Delaunay 三角化，而敌方如果要想将他们分割围歼则应该多考虑考虑 Voronoi 图。

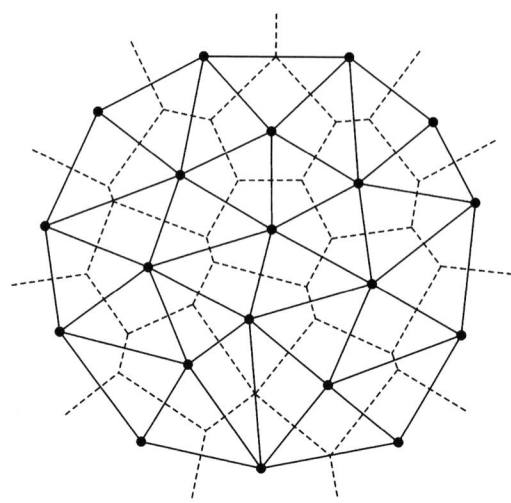

图 10.1　Delaunay 三角化（实线）与 Voronoi 图（虚线）

例二　空间变换

傅里叶变换涉及的两个对象是矢量空间里的函数与其对偶（dual）。函数 $f(x)$ 的傅里叶变换为 $\hat{f}(k) = \int_{-\infty}^{\infty} f(x) e^{-2\pi i k x} dx$，逆变换为 $f(x) = \int_{-\infty}^{\infty} \hat{f}(k) e^{2\pi i k x} dk$。傅里叶变换把时空中的物理转化为动量—能量空间中的物理，是物理研究的最基本工具。愚以为，如欲为物理学各学科找一个共同的关键词，则非傅里叶变换莫属。傅里叶变换还带来函数空间中的卷积与乘法这两种操作之间的交换。此外，勒让德变换是解析对偶性的另一个著名案例，使得拉格朗日力学中的速度 $\boldsymbol{v}$ 和哈密顿力学中的动量 $\boldsymbol{p} = m\boldsymbol{v}$ 之间可以切换。不知道这一点对于反导武器（需要在速度和动量之间何者为主要考量做动态取舍，见第三章)的设计是否有用。

例三 集合论中的对偶关系

一个集合的子集合与其补之间的关系,也是一种对偶关系。一个集合,若其子集是开的,则相应的补集必然是闭的;若子集是闭的,则相应的补集必然是开的。我们在思考敌我攻防转换的应对策略时应注意到这一点。"故善战者,见敌之所长,则知其所短;见敌之所不足,则知其所有余"(见《孙膑兵法》),你看这一句中就考虑"长短""不足与有余"两种对偶关系。老祖宗的智慧,不可小觑!

例四 对偶矢量空间

在线的代数中,有个将矢量空间 V 同其对偶矢量空间 V^* 相联系的代数,其元素为线性函数 $\varphi: V \to k$,其中 k 是函数空间定义于其上的数域。对偶矢量空间可简记为 $V^* = \text{Hom}(V, k)$。矢量空间对偶有性质:1)有限维空间的两次对偶操作是个同构映射(isomorphism);2)线性映射 $V \to W$ 给出一个反向的映射 $W^* \to V^*$;3)映射 $V \to W^*$ 对应映射 $W \to V^*$。碰巧的是,有限维矢量空间 V 和 V^* 是同构的。这个同构等价于非退化的二次型 $\varphi: V \times V \to k$,此时的空间 V 被称为内积空间,这就是重要的物理概念了。在黎曼几何中,V 是流形的切空间,而正定的二次型就是黎曼度规,由此可定义角度与距离。对偶矢量空间有个特别重要的拉回操作(pullback),对于函数关系 $f: V \to W$,总可构造出对偶的关系 $f^*: W^* \to V^*$。另一个内积空间操作的例子是霍奇星号(Hodge star),其提供外代数中元素的对应关系。对于一个 n-维矢量空间,Hodge star

提供 k-形式同 $(n\text{-}k)$-形式之间的对应关系。三维物理空间中的电场 E (1-form)和磁场 B(2-form)就是这样的对偶关系。这些数学、物理内容比较晦涩难懂,但都是我们的数学家、物理学家发现的关于这个宇宙的基本法则。借助这些内容我想提醒大家,在思考敌我这种具有对偶性的存在时要习惯性地有反向思维——**关于敌我的任何内容一定有敌我颠倒过来的对偶内容**。

例五 对偶物理量

在物理中,物理量会以对偶的形式成对出现。物理量在热力学中是关于能量对偶的,其中熵 S,体积 V,表面积 A,摩尔量 n_i 等是广延量,而对应的对偶量分别是温度 T,压强 p,表面张力 σ,化学势 μ_i,后者是强度量。在其他领域中,物理量是关于作用量对偶的,即时空 4-矢量 $(x,y,z;ict)$ 同能量—动量 4-矢量 $(p_x,p_y,p_z;iE/c)$ 的对偶。在量子力学语境下,坐标同动量之间的共轭关系是对易式 $(x,p) = i\hbar$,此为量子化条件,后来被发挥为不确定性原理。这说明,对偶是相对于某个关系的对偶,对偶不是对等、等同。

例六 对偶物理图像

在物理中还有所谓的波粒二象性。常见的物理教科书中会说无质量的光子、有质量的电子等表现出波粒二象性,即它们既是粒子也是波,或者说有些条件下应该当作波处理,在有些条件下应该当作粒子处理,这些说法都值得商榷。正确的理解是,如 1904 年爱因斯坦处理黑体辐射涨落时所发现的那样,是既有可用粒子图像理解的贡献也有可

第十章 物理学视角下的军事战略

用波动图像理解的贡献。在康普顿散射的解释中就是同时、毫不违和地使用粒子和波这两个概念的。过去一些概念，比如战争与和平、鱼与熊掌、义与利、自私与协作，被广泛当作互相抵触的内容在思考，故而得出一些似是而非的结论。愚以为，如果将它们当作一对对偶的存在，也许有助于我们做出正确的抉择。鱼，我所欲也；熊掌，亦我所欲也。二者可以得兼，观念须有讲究而已！

战争中的双方，有对偶（duality）的观念，牢记敌我之间作为对手所构成的对偶关系，有助于避免做出一些聪明反被聪明误的举动。鲁登道夫在《总体战》中提及，"1914 年 8 月，德国首相冯·贝特曼·霍尔韦格[①]向俄、法宣战，这是一次多灾多难的宣战，对此人们还记忆犹新。宣战书中的某些词句被敌人用来当作宣传工具，激励了敌国人民的精神，却削弱了我国人民的精神力量。"看看，宣战书鼓励了敌国人民的精神，就是因为不能牢记对偶性所种下的灾难。注意，换位思考，不是简单地站到对方的角度把问题再思考一遍，而是把敌我双方放到一起构成一个完备集——$\{敌,我\}$，$\{黑,白\}$，$\{虚,实\}$，$\{1,-1\}$皆构成二元素的完备集——为了我方的胜利去思考一个关于由敌我双方构成的完备集的问题。这话有点儿绕，但下过围棋的读者早就明白了这里的意思。有兴趣的读者请在学习了一些本章提到的数学、物理内容后再重温这里的讨论。

---

① Theobald von Bethmann Hollweg (1856—1921)，1909—1917 年期间为成立不久的德意志帝国的首相。

10.3 战争中的宇称问题

宇称(parity)对称性是自然界存在的一个重要对称性,不过"宇称"一词恐怕是对 parity 的不恰当翻译。parity 是由名词 par 而来,意思是接近等量齐观、旗鼓相当。物理上的三维空间里的宇称变换,有$(x, y, z) \to (x, y, -z)$和$(x, y, z) \to (-x, -y, -z)$,这造成取向(手性)的反转,后者更是被称为反演(inversion)。宇称对称性,意思是物理性质在取向(手性)反转下的性质不变,除弱相互作用外,电磁和强相互作用都遵循宇称守恒。宇称的本征值为 $P=1, -1$。以三维物理空间论,标量对应$P=1$,矢量对应 $P=-1$,轴矢量(二矢量)对应 $P=1$,赝标量对应 $P=-1$。类似宇称的这种本征值为 $1, -1$ 的还有一些,包括螺旋性、交换算符,等等。本征值为 $1, -1$,非正即负,与军事上的奇正不妨对照考量。

parity,就字面的等量齐观、旗鼓相当来理解,故有 diplomatic parity(外交对等),nuclear parity(核均势)的说法。parity 的观念提醒我们**从实力的角度尊重敌人**,把敌人当成可畏的对手。时刻把敌人这个因素放在谋略的首位,将敌我双方以同样的态度、同样的尺度加以审视,应成为常识。轻视敌人从来都是兵家之大忌。

奇偶性既是一种等价,也表现出不同或曰对立,但这不同或曰对立也要当作等价的来对待。这一点,如果没有足够的数学、物理基础,确实不好理解。以两粒子的交换算符为例,$P(\psi(r_1, r_2)) = \psi(r_2, r_1)$,$PP(\psi(r_1, r_2)) = \psi(r_1, r_2)$,故而只有 $\psi(r_1, r_2) = \pm \psi(r_2, r_1)$ 这两种可能。这个关系,就给两粒子波函数的函数形式加上了非常强的限制,满足这个要求的函数形式就不多了。上述关系中,取正号的对应玻色子,取负号的对应费米子,两类粒子表现出诸多不同性质。然而,放在交换

第十章 物理学视角下的军事战略

性质这个层面去考察,它们应该被看作是同一性质的问题。李靖"孰分奇正之别哉？……是以素分者,教阅也"(《李卫公问对》),分为奇正是为了教阅的方便而不是本身就该是奇或是正,可见其对奇偶性(奇正)有深刻正确的理解。捎带说一句,$(-1)^n = 1, -1, 1, -1, 1, -1\cdots; n=0,1,2,3,4,5\cdots$。这种随着某个指标(exponent)的偶奇变化出现 1、-1 交替现象存在于诸多数理情景中,比如上述欧拉公式中的系数,代数方程理论,等等。

与此对应的军事思想即是"奇正"。奇与正是中国古代军事思想的一对重要的相共轭的概念。奇,应该对应本征值为 -1 的情形。《李卫公问对》有句云,"能而示之不能。皆奇之谓也","若非正兵变为奇,奇兵变为正,则安能胜哉？故善用兵者,奇正在人而已","正而无奇,则守将也;奇而无正,则斗将也,奇正皆得,国之辅也",可资为证。又,《孙膑兵法》云:"同不足以相胜也,故以异为奇。"《孙子兵法》云:"凡战者,以正合,以奇胜。故善出奇者,无穷如天地,不竭如江海。终而复始,日月是也","战势不过奇正,奇正之变,不可胜穷也。奇正相生,如循环之无端,孰能穷之哉"。这些关于奇正的论述,特别是奇正皆得、孰分奇正之别的说法,如果笔者当初修习统计物理、量子力学时知道这些思想,或许能理解得稍微深刻一点。

10.4 战争中的虚实问题

虚实(virtuality vs. reality)的概念,是中国兵书中的常见概念,得到了充分的重视。《孙子兵法》中有专门的《虚实篇》,"进而不可御者,冲其虚也","夫兵形象水,水之形,避高而趋下,兵之形,避实而击虚"。

李筌注曰:"善用兵者,以虚为实;善破敌者,以实为虚。"孙膑则把避实击虚的用兵原则进一步发展为"批亢捣虚"的策略。李靖论《孙子兵法》,云:"孙武十三篇,无出虚实。夫用兵,识虚实之势,则无不胜焉。"又,"奇正者,所以致之虚实也。敌实,则我必以正;敌虚,则我必以奇",这是将奇正和虚实结合起来了(见《李卫公问对》)。从数学、物理的角度来说,这样做有天然的合理性,因为虚实、有无、奇正之变换(哪怕仅是观点之变换)都是本征值为(1,-1)的操作,它们之间具有同构的特性。

虚实之论,多有可议处。何者为虚,何者为实,在军事冲突中恐不易定义,也许采动态的观点才好。再者,见实知实易,能否见实知虚,甚至虚实皆见,那就看眼光背后的大脑是如何武装的了。举一个简单的例子。图10.2中所绘为一个典型的易造成错觉的图案,睹其黑者见一左右对称的瓶子,睹其白者见两副相向而视的面孔。然而,这幅画是瓶

图10.2 "瓶与面孔"的错觉

第十章 物理学视角下的军事战略

子呢还是面孔呢？也许二者皆见才更恰当些。占据的部分和留空的部分，或者可见部分与不可见部分，都是构型（configuration）的元素，"不要以为虚伪外另有真实，矛盾外另有调和……虚伪即真实"。这一点，用兵者不可不知！

虚实之说，以英语的 virtuality vs. reality 为基础加以考察，会有不一样的体会。光学上的 real image，汉译实像，意思是在我们人眼以为像所在的位置放置光学记录设备是能得到像的；virtual image，汉译虚像，在我们人眼以为像所在的位置放置光学记录设备是得不到像的。然而，这两种情形下，人眼所见的像却都是实打实的像。virtuality（虚，虚拟性），来自拉丁语的 virtus，力量之谓也。名词 virtue 是优点、美德、长处，而副词 virtually 常常被译为"实质上、事实上、实际上"，如"virtually invincible（几乎不可战胜的）"，"virtually non-existent（实质上不存在）"，等等。由此可见，virtuality 未必是 reality 的镜面反射，是完全相反的。在今天，人类的财富既有实的内容，也有了越来越多的虚拟的内容，虚拟空间里的战争也早已经打响了。当 virtual reality（虚拟现实，缩写为 VR）大行其道且已深入军事领域的时代，战场上的对敌方态势的侦察多来自光学设备，如何判断虚实、如何实施侦察与反侦察绝不是一件容易的事儿。"兵者，诡道也。故能而示之不能，用而示之不用，近而示之远，远而示之近"，《孙子兵法》中的这句名言在从前或许是故弄玄虚，在虚拟现实成为现实的今天却霎时有了真切的现实意义。2022 年春天爆发的军事冲突中，信息战、电子战已是占据相当比重的内容，不管是宏观的策略交锋还是具体兵器相接的实战，虚实结合的特征都非常明显。军事人员对虚实之物理与哲学有一些了解，不算是过分的要求。

10.5　兵形势

势，西文 potential，potenz，就是引而不发的做事能力。可以从"蓄势待发"，"引而不发，跃如也"等成语来理解势的含义。我国兵法非常强调"势"的概念。《孙子兵法》开篇定义："计利以听，乃为之势，以佐其外。势者，因利而制权也。"其《兵势篇》云："激水之疾，至于漂石者，势也；鸷鸟之疾，至于毁折者，节也。故善战者，其势险，其节短"，"勇怯，势也；强弱，形也"，"故善战者，求之于势，不责于人，故能择人而任势"。其《虚实篇》云："故兵无常势，水无常形，能因敌变化而取胜者，谓之神"，"形兵之极，至于无形"。《孙膑兵法》中有"势备篇"。《吕氏春秋·不二篇》说"孙膑贵势"，这指明了孙膑兵法的特点。"弓弩，势（势）也"，"势者，所以令士必斗也；有所有余，有所不足，刑（形）势是也"。战争讲究态势，势是敌我双方的军事要素（人员、武器、外援）由布局而展现的实力。势的大小，是由元素的构型（configuration）决定的。蓄势与战争元素的布局有关，所谓"借局布势，力小势大"是也。不战而屈人之兵，那就得有本事建立起强大的势才行。如果懂得关于 $2+1$ 维时空的势 $\varphi(x,y;t)$ 而非单纯的关于空间的势 $\varphi(x,y)$，或许更有军事意义。淮海战役中，解放军以 60 万人对国民党军 80 万人而势如破竹大获全胜，就在于取势的高明。如果能动态地再现当年双方态势的时空演化，必是一场绝佳的战略实施案例。今天战争的空间已经大为扩展，天空（外太空）、电子、经济（金融）、网络（信息）等都成了战争的维度，战争的势函数更复杂了。新时期的战争中如何取势，如何因势利导、顺势而为，需要科学的眼光看问题。

考虑一个给定度规空间中相互作用的粒子体系的二体势能

第十章 物理学视角下的军事战略

(binary potential), $V = \sum_{1=i<j=n} V(r_{ij})$, 对于万有引力构成的体系, $V = -\sum_{1=i<j=n} 1/|r_{ij}|$; 对于一组电荷构成的系统, $V = \sum_{1=i<j=n} q_i q_j/|r_{ij}|$。由此可见,对于作用力形式和粒子总数给定的体系,势能的大小取决于粒子的位置分布,也就是说粒子空间分布的构型决定了体系的势,固有形—势的说法。所谓"形格势禁",其中的形、势就是这个意思。科学上,比如球面上给定数量的同性电荷如何分布才能让电荷之间的总排斥势能最小,就是著名的汤姆孙(J. J. Thomson)问题。其解在粒子数不大时一般为有12个五边形、其余为六边形的铺排花样,在粒子数大于360时会出现成对相邻的五边形和七边形。铺排花样对于相互作用的形式具有某种韧性(robustness),即改变作用势作为距离的函数形式其势能取极值时的分布(局,形,构型)几乎不变。军事意义上的相互作用势,因为其固有的复杂性,我们没有精确的势能函数,但是考虑到形、势问题的韧性,用简单势能函数得到的一些结论也是有参考价值甚至就是正确的。

形势概念的军事意义不劳作者这样的外行强调。汉朝东汉史学家班固在《汉书》中就已把兵学流派分为兵权谋家、兵形势家、兵阴阳家、兵技巧家四类。笔者想强调的是,随着现代战争的维度扩展、新型元素的加入,兵势的计算必将带来新的挑战。笔者希望有对未来战争之"兵形势"的科学视角下的研究。

10.6 维度扩展

维度是数学、物理中的一个基础性概念,自然也是战争这一人类物理行为的关键要素。维度不同,对战争态势的计算就不同。比如势能作为距离的函数,$V=V(r_{ij})$,空间维度不同,距离表达式 r_{ij} 不同,尤其是若空间因维度的增加其度规变得复杂时,肯定布局不同。相应的,战争的策略也不同。维度多的空间,空间布局取势的自由度更大,也对智力提出了更高的挑战——想象一下下三维围棋会是什么情景。2022 年起,战争区域是二维闭合曲面作为基空间的三维流形,即整个地球表面及其在第三个维度上的有限延展。如果考虑到金融战、信息战等因素,战争的空间维度还要高。

  维度的扩展,带来的问题更复杂,但也能带来对低层面问题的强大粉碎能力。解决问题的最好方式,是超越问题。扩展空间维度就是一个非常有效的超越方式。我们熟悉的实数是线上的数(关于实数的代数是点的代数),当我们有了复数这种天然的二维数(二元数),就能处理定轴转动、平面几何等各种问题,可以用于量子力学。等到有了四元数,就可以方便地处理三维物理空间中的转动;有了旋量(spinor),可以处理量子力学、电动力学的各种问题,还带来了扭量(twistor)这种数学怪物。记住,我们还有物理性能未明的八元数。有了二元数、四元数和八元数,证明两(四、八)个正整数平方和同两(四、八)个正整数平方和之积还是两(四、八)个正整数平方和就不再是证明,那就是个简单的计算题,这就是典型的降维打击。小说《三体》引入了降维打击的概念[1],笔者以为此概念对于从事各种竞争性的事业者都有强烈的观念

---

[1] 小说中的降维打击是把被打击对象的维度降低加以摧毁。人们从字面上还想当然地理解为从高维度空间进入低维度空间居高临下地进行打击。

第十章 物理学视角下的军事战略

冲击。设想行军过程中遇到一条河,怎么办?从前是渡河、架桥,故有遇敌渡水"半渡而击"的策略,也有舟桥部队这样的专业队伍。然而,对于航空兵和太空力量来说,河流是个根本不存在的概念。

未来战争的维度会显著增加。从前的战争有军事维度、政治维度、经济维度,如今则增加了金融维度、信息维度等。高维空间里的军事斗争,对数学、物理提出的挑战不会少,希望能得到专业的重视。建立起高维度战争空间中的强大军事力量,确保对敌对势力的降维打击能力,才能有效地吓阻敌对势力挑起战争的企图。"上兵伐谋",于当今中国而言,谋当在高维战争空间中去谋,以高维战争空间中的谋与势,将战争危险消弭于无形,才是我们的追求。再强调一遍,**解决问题最有效的方式是超越问题**。要用超越的思维赢得战争,用超越的思维消灭战争。

在数学上,在更高维度的空间里看问题,或者在更高层次上看问题,是解决问题的有效手段。国家间的战争,是有限空间里争夺有限资源会必然导致的行为。解决人类遭遇战争的难题,也许只有超越人类发展的难题才能消灭战争。科幻小说中经常有外星人来袭的桥段,面对地球以外的袭击地球人自动成了一个命运共同体,人类内部的战争危险就以被超越了的方式给消弭了。即便没有外星人的来袭,人类当前生存的基础空间(base space)实际上已经是整个地球而非自家的一亩三分地了,对国家观念的超越未必很遥远,因为随着生活方式的发展,我们面临的危险与困局可能会是同质化的,需要所有人的齐心协力。

以超越问题的方式解决问题,可以以一个我们也许心有戚戚的小例子来阐述。既知我(I)所面对的某个与A之间的问题之症结在于B,那解决问题要考虑的基空间就不能是$\{I,A\}$,而应该是$\{I,A,B\}$。或者,如果知道 A 因素不过是 B 因素的从属,则我应当超越这个{I,A, B}基上的问题,而直接去面对{I,B}基上的新问题。又或者我有能力超越{I,B}基上的问题,在一个以我(I)和我可选择的非我($\bar{\text{I}}$)因素所构成的基{I,$\bar{\text{I}}$}上定义我的问题。这个高层次问题的解决可以以超越问题的方式来解决{I,B}基上的问题,自然也就解决了{I,A}基上的问题。一个难解的问题在扩展了的空间中或在提升了的层次上去看,也许是简单的。

10.7　固定点与不变性

数学上有个有趣的固定点定理(fixed point theorem)。一个函数 $f(x)$ 在某些条件下至少有一个固定点 x,满足 $f(x)=x$。对于这样的 x,迭代 $x\to f(x)$ 是不变的。有各种不同的具体情形的固定点定理,比如布劳威尔(Luitzen Egbertus Jan Brouwer,1881—1966)固定点定理,云 "任何定义从 n-维欧几里得闭单位球上到自身映射的连续函数,必有一个固定点"。举例来说,若函数 $\cos x$ 是定义在闭集 $[-1,1]$ 上的,则它有固定点 $x\approx 0.739$。在一个体系中寻找固定点或许是心理的需求,所幸的是,大自然具有这个特性。在中国的古代天文观测中,曾把北极星当作这个宇宙中的固定点。北极星应该不是宇宙的固定点,但是对于在地球上定历法应该是足够了。如果宇宙是有界的,按说它必有固定点。

物理学研究变化,但是物理理论的锚点却是不变性。理解了等价性(equivalency)、对称性(symmetry)、守恒律(conservation law)、不变性(invariance),就理解了物理学的中心思想。事物是在不断变化的,物

第十章 物理学视角下的军事战略

理学家却看到了不变性,不变性的内容提供了对事物的把握。1918 年数学家诺特(Emmy Noether,1882—1935)发表了划时代的"Invariante Variationsprobleme(不变的变分问题)"一文,在对称性与守恒律之间建立起了数学联系。此后的规范场论开启了"对称性支配相互作用"的物理研究范式。找到了物理体系的不变量,可以由此断定其下起决定性的基本相互作用,可以规定其理论可以有的形式。

在思考战争有关的问题时,固定点、不变量这些概念也许能提供有益的考量视角。19 世纪英国首相帕麦斯顿(Lord Palmerston,1784—1865)有句名言:A country does not have permanent friends, only permanent interests(一个国家没有永久的朋友,只有永久的利益)。这句话很不高尚,却是英国的立国之本,借此倒是容易理解英国在国际事务中的所作所为。

世界的形势是瞬息万变的,战场上的态势是瞬息万变的,因而关注变化是天经地义的。然而,我们的战略家、军事家、指战员们在思考战争时,多从不变性的角度考虑问题也许会是有益的。所谓"以不变应万变",当知何处是固定点,什么是不变量。试举几例浅论。首先,战争的本质和根本驱动力不会变。因此,不管我们如何热爱和平,我们都不应该对和平抱有幼稚的幻想。人类在可见的未来不会有免于战争的智慧与现实条件,这个残酷的现实短期是不变的。因此,战争何时到来又来自何方是多变的,但我们不忘备战的国策应是不变的。当前只有强大的战争能力才能阻止战争,未来只有就人类共同体的生存发展达成共识以后才能以超越战争的方式消灭战争。其二,我们生存在这唯一的地球表面的事实也是不变的。在这个闭合、有限的表面上分布着两百多个国家,各有利益和对外联系不同,国家间尔虞我诈、纵横捭阖,稍有不慎就会擦枪走火。从数学类比来看,应该存在至少一个固定点,具有特殊的地缘政治学意义。那个战争从不光顾的地方,或者是战争经常光顾的地方,可能就是地缘政治学意义上的固定点,值得格外注意。其三,在局部战役的小范围战场上,某些具有特殊地形的点是固定点(也许是某种意义上的关键点,比如中立国也许是交战国的利益交汇处),值得现场指挥员的关注。从体系的变化中看得出不变性的内容,从不变性的角度能理解系统变化必须遵循的规律,从而预见变化的趋势,这是物理研究的方法论,对于战略和战术研究应有可资借鉴的地方。

10.8　强关联与非线性

今日的世界,被真实世界里的交通和虚拟世界里的交通给合谋打造成了一个强关联系统(strongly correlated system)。这个世界任何一个角落里的风吹草动,都可能影响到全世界。面对这个世界上牵扯重大利益的冲突,稍微有点分量的国家不可能再做到置身事外,非不愿也,实不能也!2022年以后的战争,可能本质上都是世界大战、超限战和全面战争。认识到这一点对于破除我们传统的明哲保身哲学非常重要。如今世界的战争,除了传统的真刀实枪的厮杀,经济战、信息战、金融战、科技战都是其中的一个构成部分。针对这种局面,"多维度的战争"的说法是错误的,因为维度的计算是说不同的维度是线性无关的,而这些战争元素、战争内容显然不是独立的,它们之间是高度关联的。不妨参考强关联材料的一些研究进展,或能得到一些有益的启发。强关联材料,典型地具有未占据 d-, f-电子壳层的窄能带材料,其中的共

第十章　物理学视角下的军事战略

享电子不能看作近似独立的个体而是强烈地互相关联着。强关联材料可以表现出多铁性（同时表现出铁磁性、铁电性、铁弹性等）、奇异自旋电子学行为、奇异的相变行为等。强关联材料是物理学近些年的研究热点，为此发展的处理关联（correlation）的技术尽管不能照搬到对世界局势演化的研究，但绝对有充分的启发性意义。

如今一国之军事实力、经济实力、科技水平、信息处理能力甚至战争意志与战争策略水平都很难当作独立元素对待，各国之间的利益关联也是强关联，牵一发而动全身且接下来的演化具有不可预测性。关联世界里，那种事件 A 引起事件 B 等到事件 B 充分发展了才引起事件 C 这样的线性思维可能显得太过单薄了。强关联世界里主导的是非线性的逻辑，会骤然生出新的现象。线性关系只有一种 $y = kx + c$，非线性关系却有无尽的可能。非线性动力学过程容易表现为混沌行为，看似不可描述、不可预测，然而它依然是有章可循、可科学地加以把握的。将强关联、非线性方面的话语体系与研究成果系统地用于军事战略研究，当下已然十分迫切。顺便说一句，虽然世界是强关联的，但因为中国作为一个大国的独特性，完全服从这种强关联逻辑的风险也是巨大的。也许既保持开放姿态以求利益最大化、又有关起门来是一个照常运行的独立体系的底线思维，方为吾国长期发展之上上策。

10.9　结束语

直觉上，应该有很多很多的数学、物理方面的原理和理论具有战略或战术层面的价值，可惜笔者未能深入思考过。前述几个例子，也都是不成熟的思考。新时代的战争形态，呼吁战略家们从全新的视角以科学为基础系统地思考战略问题。战争总是会发扬那些戏剧性事件中的愚蠢行为。没有战略家的国家盲目投入战争,失败恐是必然的结局。"凡事预则立,不预则废。"(《礼记·中庸》)"谋深计远,所以不穷。"(《素书》)不过,在如今这个力量动辄出现代差的时代,我们也不要太盲目地相信战略的力量。战争是力量的展示。缺少实力支撑的战略、战术都是苍白的。在绝对实力差距面前,一切战略战术都会沦为笑话。认识到这个冰冷的事实,我们会更加认识到实力建设的重要性。

参考文献

1. 毛泽东, 论持久战, 人民出版社(1952).
2. Carl von Clausewitz, *Vom Kriege*(战争论), Area(2003).
3. Niccolò Machiavelli, *Dell'arte della Guerra*(战争的艺术), Sansoni(1971).
4. Erich Ludendorff, *Der totale Krieg*(总体战), Ludendorffs Verlag(1935).

跋

经过数月的苦思冥想,东拼西凑,这本我构思已久的书终于脱稿。实话实说,我对这本书当前的状态是十二分的不满意,但却又无能为力。撰写本书是一个十分痛苦的过程,一是因为个人才疏学浅、力有不逮,但关键的还是心灵的挣扎。虽然,只有战争才能消灭战争是一个朴素的真理,但是看到战争竟然是人类科学技术进步的一个主要推动因素的事实又怎不让人为人类的不幸(真不是因为恶毒或者愚蠢)而扼腕叹息?

本书讲述军事与物理学的关系、武器背后的物理原理,不是为了鼓吹战争,而是希望我们能够建设起强大的国防,免于战争的威胁。中华民族是热爱和平的民族,有着悲天悯人的深厚情怀,有着守护人类命运共同体的伟大自觉,但这一切的前提是我们要有免于战争威胁的能力。从前我们讲要牢牢把握战争的主动权。今天我们的目标是建立起凛然不可侵犯的战争能力从而能有效地保障和平。我们的战士,是人民的卫士,是正义的化身,是和平的使者。他们应该是全面武装起来的斗士,这武装既包括崇高的爱国主义和人本精神、最先进的武器装备和最先进的战略战术思想，也包括最先进的科学技术知识。我们的战士不怕牺牲，但是我们捍卫和平的能力应该来自整个社会全方位的、持续不断的建设努力。加强国防建设，提升全民科学素养，尤其是强化青少年的军事科学素养，在当前具有十分的紧迫性。念及此，笔者才勉力施为，终于草草完成此篇，以为砖。

此书撰写时，数字空间里不断传来远方隆隆的枪炮声。战争以我们所有人都不熟悉的崭新形态自顾自地进行着。和平，这个仿佛是人类就是为了珍惜才创造的字眼，在此刻显得十分苍白，也更加值得珍惜。

为什么战旗美如画？英雄的鲜血染红了她！为什么大地春常在？英雄的生命开鲜花！无数的革命先烈浴血奋斗，才为我们赢得了这一片和平的天空。今天，这一片和平的天空是靠着无数无名英雄默默奉献才得以维持的。我们期望，凭着我们的智慧与力量，和平在未来的岁月里会是每一片天空的本色。

和平，值得每一个人为她努力。

2022 年 3 月 20 日于北京

图片来源

图2.1(1)、图2.1(2)、图2.7(3)、图3.8、图4.2(1)、图5.1(1)、图6.4(1)、图8.8(1)、图8.8(2):壹图网

图2.1(3)、图2.4、图2.7(1)、图2.7(2)、图4.6、图5.3(1)、图5.4、图6.5、图6.6、图6.7、图6.9、图7.3、图7.4、图7.9(2)、图8.6(1)、图8.6(2)、图8.7:视觉中国

图2.5(1)、图2.5(2)、图9.4(1)、图9.4(2):曹则贤

图2.6、图2.9、图3.5、图4.3(1)、图5.6、图7.6、图7.9(1)、图8.1、图8.5(2)、图9.3、图9.7、图9.8:公有领域

图2.5(3)、图2.8、图3.1、图3.2、图3.3、图4.1、图4.8、图5.2、图6.1、图6.2、图6.10、图7.1、图7.2、图7.10、图8.11、图9.1、图9.6、图10.2:上海科技教育出版社

图1.1: Raytheon Missiles & Defense, https://www.raytheonmissilesanddefense.com/news/2021/09/27/a-hypersonic-missile-takes-flight

图2.2: The Portable Antiquities Scheme, Dot Boughton, CC BY-SA 4.0(https://creativecommons.org/licenses/by-sa/4.0/)

图2.3: Siyuwj, CC-BY-SA 4.0(https://creativecommons.org/licenses/by-sa/4.0/)

图3.4: 篁竹水声, CC BY-SA 4.0(https://creativecommons.org/licenses/by-sa/4.0/)

图3.6: Bouterolle, CC BY-SA 3.0(https://creativecommons.org/licenses/by-sa/3.0/)

图3.7: baku13, CC BY-SA 3.0(https://creativecommons.org/licenses/by-sa/3.0/)

图4.2(2): Alert5, CC BY-SA 4.0(https://creativecommons.org/licenses/by-sa/4.0/)

图4.3(2): Military + Aerospace Electronics, https://www.militaryaerospace.com/home/article/14204541/meeting-swap-needs-for-electronics-and-sensors-for-hypersonic-flight

图4.4: Stock Archives of Soviet Navy, https://en.wikipedia.org/wiki/Lun-class_ekranoplan#/media/File: Lun_Ekranoplan.jpg

图4.5: 改编自Yu Zhen Dong, Hyoung Jin Choi, https://doi.org/10.3390/ma12182911

图 4.7：Alvéotec，CC BY-SA 3.0（https：//creativecommons.org/licenses/by-sa/3.0/）

图 4.9：Ortwin Hess，https：//doi.org/10.1038/455299a

图 5.1(2)：Ralf Schumacher, Dresden SchumacherDresden, CC BY-SA 3.0,（https：//creativecommons.org/licenses/by-sa/3.0/）

图 5.3(2)：Christoph Grüter, Cristiano Menezes, Vera L. Imperatriz-Fonseca, Francis L. W. Ratnieks，https：//doi.org/10.1073/pnas.1113398109

图 5.5：改编自 Emoscopes，CC BY-SA 3.0（https：//creativecommons.org/licenses/by-sa/3.0/）

图 6.3：改编自 Alexei Gilchrist，https：//www.entropy.energy/scholar/node/driven-damped-oscillator

图 6.4(2)：Alert5，CC BY-SA 4.0（https：//creativecommons.org/licenses/by-sa/4.0/）

图 6.8：改编自 https：//msheiksirajuddeen.blogspot.com/2014/11/piezo-electric-oscillator.html?m=1

图 7.5：改编自 Oona Räisänen，CC BY-SA 3.0（https：//creativecommons.org/licenses/by-sa/3.0/）

图 7.7：改编自 HowStuffWorks，https：//science.howstuffworks.com/rail-gun1.htm

图 7.8：改编自 Brent Halonen，https：//lauriumlabs.com/blog/coilgunner-simulate-a-coil-gun/

图 7.11：Ingmar Runge，CC BY 3.0（https：//creativecommons.org/licenses/by/3.0/）

图 8.2：改编自 Lambert，https：//www.lambertinstruments.com/technologies-1/2014/12/4/the-image-intensifier

图 8.3：Surrey NanoSystems，CC BY-SA 3.0（https：//creativecommons.org/licenses/by-sa/3.0/）

图 8.4：Danie Van der Merwe，CC BY 2.0（https：//creativecommons.org/licenses/by/2.0/）

图 8.5(1)：Mathew Schwartz，CC BY-SA 3.0（https：//creativecommons.org/licenses/by-sa/3.0/）

图 8.9：改编自 Chris Budd，https：//plus.maths.org/content/invisibility-cloak

图 8.10：（1）Hyperstealth Biotechnology，https：//bigthink.com/starts-with-a-bang/invisibility-cloak-183582/；（2）改编自 skullsinthestars，https：//skullsinthestars.com/2013/03/02/how-to-become-invisible-by-hiding-under-the-carpet/

图 8.12：改编自 Anil Kumar Maini, Nakul Maini，https：//www.electronicsforu.com/technology-trends/precision-guided-munitions-laser-guided-munitions-part-2-4

图 8.13：Francois Courvoisier, John Dudley，https：//www.science.org/content/article/light-bends-itself

图 9.2：Hullernuc，CC BY-SA 3.0（https：//creativecommons.org/licenses/by-sa/3.0/）

图 9.5：改编自 https：//phys.libretexts.org/Bookshelves/University_Physics/Book%3A_University_Physics_(OpenStax)/University_Physics_III_-_Optics_and_Modern_Physics_(OpenStax)/10%3A__Nuclear_Physics/10.06%3A_Fission

图 10.1：Alfred Uwitonze, Jiaqing Huang, Yuanqing Ye, Wenqing Cheng, Zongpeng Li，https：//doi.org/10.1371/journal.pone.0193350

图书在版编目(CIP)数据

军事物理学/曹则贤著. —上海:上海科技教育出版社,2022.10(2025.11重印)
ISBN 978-7-5428-7838-0

Ⅰ.①军… Ⅱ.①曹… Ⅲ.①军事物理学 Ⅳ.①E912

中国版本图书馆 CIP 数据核字(2022)第 183707 号

责任编辑　王怡昀
装帧设计　李梦雪

军事物理学
曹则贤　著

出版发行	上海科技教育出版社有限公司 (上海市闵行区号景路 159 弄 A 座 8 楼　邮政编码 201101)
网　　址	www.sste.com　www.ewen.co
经　　销	各地新华书店
印　　刷	上海锦佳印刷有限公司
开　　本	720×1000　1/16
印　　张	17
版　　次	2022 年 10 月第 1 版
印　　次	2025 年 11 月第 8 次印刷
书　　号	ISBN 978-7-5428-7838-0/N·1163
定　　价	98.00 元